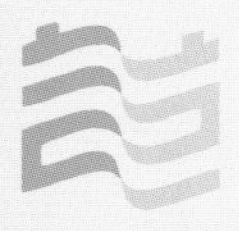

高等院校服装与服饰设计
专业“十三五”案例式规划教材

中文版 CorelDRAW 2017
服装设计案例教程

主　编　彭凌玲　石　淼
副主编　龚许小君　邹　慧　赵　娟
参　编　刘　畅　赵春燕　陈晓恒
董　慧　李　瑞　白雅君
于　涛　高　森

内 容 提 要

本书是一本介绍中文版 CorelDRAW 2017 服装设计的案例式教材，让读者在学习案例的过程中掌握使用 CorelDRAW 2017 设计服装的技巧。全书共 5 章，内容涵盖 CorelDRAW 2007 软件简介和服装款式设计及案例、服装面料设计及案例、服装辅料设计及案例、服饰配件的设计及案例等内容。

本书可作为服装院校设计专业及服装职业培训班的教材，也可作为服装设计从业人员和服装设计与制作爱好者的参考书。

图书在版编目 (CIP) 数据

中文版 CorelDRAW 2017 服装设计案例教程 / 彭凌玲，石淼主编 . —武汉 : 华中科技大学出版社，2019.6

高等院校服装与服饰设计专业“十三五”案例式规划教材

ISBN 978-7-5680-4713-5

Ⅰ . ①中…　Ⅱ . ①彭…　②石…　Ⅲ . ①服装设计－图形软件－高等学校－教材　Ⅳ . ① TS941.26

中国版本图书馆CIP数据核字(2018)第298675号

中文版 CorelDRAW 2017 服装设计案例教程

Zhongwenban CorelDRAW 2017 Fuzhuang Sheji Anli Jiaocheng

彭凌玲　石淼　主编

策划编辑：周永华

责任编辑：周怡露

封面设计：原色设计

责任校对：刘　竣

责任监印：朱　玢

出版发行：华中科技大学出版社（中国 · 武汉）　电话：(027)81321913

武汉市东湖新技术开发区华工科技园　邮编：430223

录　　排：华中科技大学惠友文印中心

印　　刷：湖北新华印务有限公司

开　　本：880mm × 1194mm　1/16

印　　张：10

字　　数：225 千字

版　　次：2019 年 6 月第 1 版第 1 次印刷

定　　价：59.80 元

前言

Preface

电脑服装设计是科学技术与艺术设计结合的产物，与传统手工服装设计相比，电脑服装设计无论是在商业观念还是在创作形式上都进入了一个崭新的时期。电脑服装设计具有表现的多样性、组合的任意性、流程的规范性等技术特征，电脑服装设计采用所见即所得的绘图方式，能够将任意素材融入画面，反复利用剪切、复制、粘贴、合成等技术，将常规的视觉元素单位进行分解、重组，从而生成多变的新图形。在服装设计中，CorelDRAW 是被广泛应用的软件之一。

本书内容全面，结构清晰，语言通俗易懂，案例操作步骤详细，具有较高的技术含量，实用性强，适用于高等院校和高职高专院校。

本书由彭凌玲、石淼担任主编，由龚许小君、邹慧、赵娟担任副主编，由刘畅、赵春燕、陈晓恒、董慧、李瑞、白雅君、于涛、高森参加编写工作。

由于编者的经验和学识有限，内容难免有疏漏、不足之处，敬请广大专家、学者批评指正。

编　者

2019 年 1 月

目录

Contents

第一章 CorelDRAW 2017 简介

章节导读

- 基本操作界面及相关概念
- CorelDRAW 2017 工具箱
- CorelDRAW 2017 菜单功能

CorelDRAW 软件是 Corel 公司开发的一款图形绘制与图像处理软件，CorelDRAW 软件的优势在于易用性、交互性和创造性。它可以导入 Office、Photoshop、Illustrator 以及 AutoCAD 等软件输入的文字和绘制的图形，并能对其进行处理。该软件新颖的交互式工具让用户可以直接修改图像，简便的画面控制让用户即时看到修改结果。CorelDRAW 加强了文字处理功能和写作工具，编排大量文字的版面更轻松。因此，CorelDRAW 可应用于工业设计、产品包装造型设计、网页制作、建筑施工与效果图绘制等设计领域。可见，CorelDRAW 是功能非常强大的图形绘制与图像处理软件。

CorelDRAW 2017 的功能十分强大，数字化服装设计只用到其中的部分功能。本章对数字化服装设计经常涉及的界面、菜单栏、常用工具栏、属性栏、工具箱、调色盘、常用对话框等进行介绍，具体的使用方法在后面的章节中讲解。本章要求读者能够对 CorelDRAW 2017 有一个基本了解，掌握常用命令和工具的使用。

第一节　基本操作界面及相关概念

通过商店购买或在网络下载 CorelDRAW 2017 软件后，在 Windows 操作平台上，按说明安装软件。安装完成后，选择【开始】–【所有程序】–【CorelDRAW 2017（64–Bit）】–【CorelDRAW 2017】，单击鼠标右键，点选【发送到】–【桌面快捷方式】。回到桌面，双击快捷图标，打开 CorelDRAW 2017 应用程序。界面如图 1–1 所示。

图 1–1　CorelDRAW 打开界面

单击菜单栏【文件】–【新建】，点击对话框【确定】，新建一张图纸，界面如图 1–2 所示。

图 1–2　新建图纸

在 CorelDRAW 2017 的界面中，默认状态下的常用项目包括标题栏、菜单栏、标准工具栏、工具箱、调色板、图纸和工作区、标尺和原点、状态栏，如图 1–3 所示。

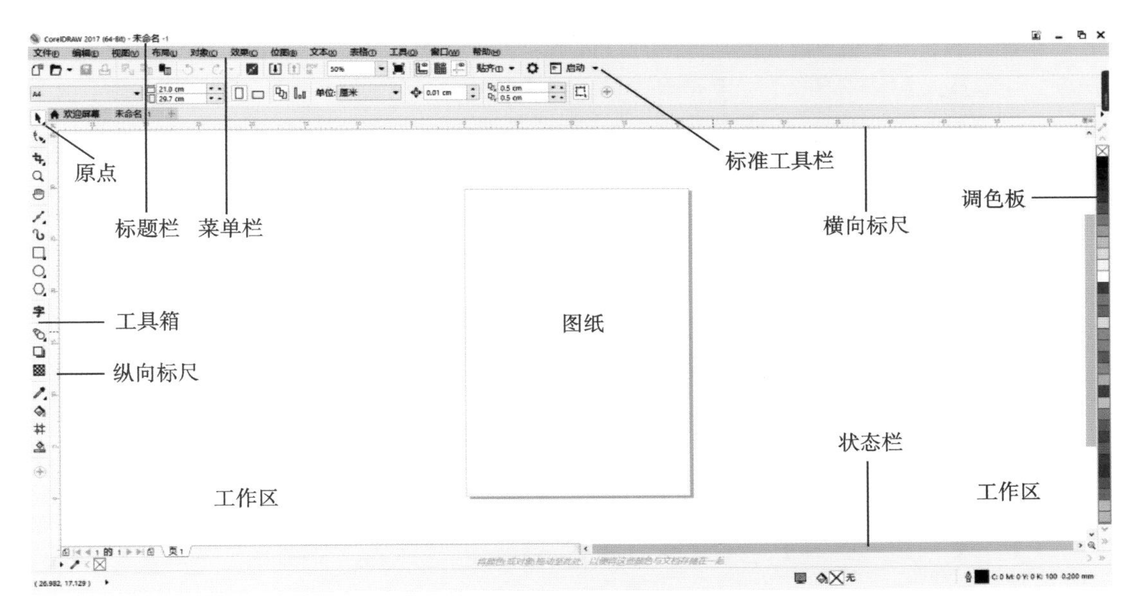

图 1–3　默认状态下的常用项目

一、标题栏

图 1–3 中左上方的标志是标题栏，表示打开的界面是 CorelDRAW 2017 应用程序，并且新建了一张空白图纸，其文件名是【未命名 –1】。

二、菜单栏

图 1–3 中的第二行是菜单栏。菜单栏中的所有项目都是可以展开的，包括【文件】、【编辑】、【视图】、【布局】、【对象】、【效果】、【位图】、【文本】、【表格】、【工具】、【窗口】、【帮助】，如图 1–4 所示。通过展开各项目的下拉菜单，可以找到绘图需要的大部分工具和命令。

图 1–4　菜单栏

三、标准工具栏

图 1–3 中的第三行是标准工具栏，标准工具栏是将一些常用的工具从各项目中抽出，罗列在此方便使用，包括【新建】、【打开】、【保存】、【打印】、【剪切】、【复制】、【粘贴】、【撤销】、【重做】、【导入】、【导出】、【显示比例】等，如图 1–5 所示。

图 1–5　标准工具栏

四、属性栏

属性栏在选择不同工具或命令时，展现的属性是不同的。例如，当打开【矩形工具】时，该栏呈现的是【对象原点】、【对象位置】、【对象大小】、【缩放因子】、【锁定比率】、【旋转角度】、【水平镜像】、【垂直镜像】、【圆角】、【扇形角】、【倒棱角】、【转角半径】、【轮廓宽度】等。再如，当绘制一个图形对象并使之处于选中状态时，该栏呈现的是选中对象的属性，如图 1–6 所示。

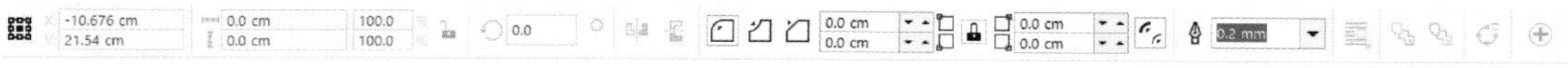

图 1–6　属性栏

五、工具箱

图 1–3 中左侧竖向摆放的项目是工具箱。工具箱中包括【选择工具】、【形状工具】、【裁剪工具】、【缩放工具】、【平移工具】、【手绘工具】、【艺术笔工具】、【矩形工具】、【椭圆工具】、【多边形工具】、【文本工具】、【调和工具】、【阴影工具】、【透明度工具】、【颜色滴管工具】、【交互式填充工具】、【网状填充工具】、【智能填充工具】，如图 1–7 所示（为方便排版将其横向放置）。其中，带黑色小三角的图标包含二级展开菜单，二级菜单中的工具是该类工具的细化工具。最后一个图标用于工具设置，单击图标，可以更改工具图标显示与否。也可以通过【工具】–【自定义】命令，在对话框中更换工具图标，设置自己常用的图标。

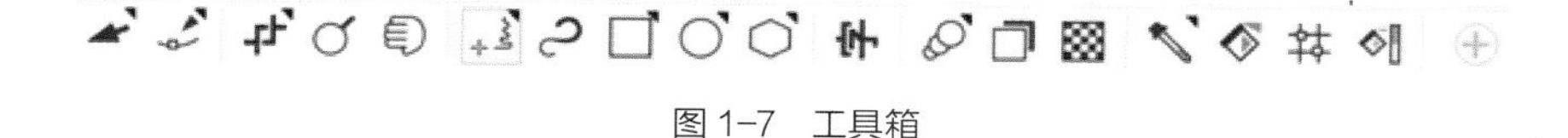

图 1–7　工具箱

六、调色板

图 1–3 中右侧竖向摆放的项目是调色板，默认状态下显示的是常用颜色，单击调色板的滚动按钮，调色板会向上或向下滚动，以显示更多的颜色。单击调色板的展开按钮，可以展开整个调色板，如图 1–8 所示（为方便排版将其横向放置）。

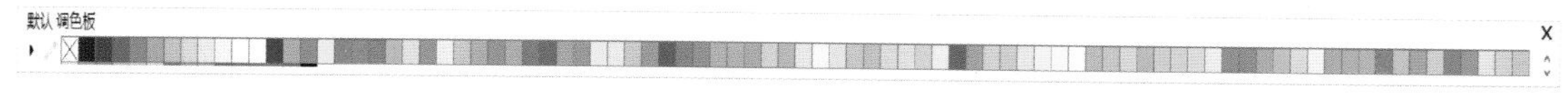

图 1–8　调色板

七、图纸和工作区

图 1–3 界面中间的白色区域是工作区，工作区内有一张图纸，默认状态下是 A4 图纸大小，可以通过【缩放工具】或【显示比例工具】放大或缩小画面。工作区内可以绘图，但超出图纸范围的内容无法在导出的 jpg 格式的图片中显示。

八、标尺和原点

图 1–3 中紧靠工作区上方和左侧的横向标尺和竖向标尺，在默认状态下是以十进制显示的。可以通过属性栏设置绘图单位，也可以双击【标尺】，在弹出的对话框中设置标尺的属性，如图 1–9 所示。横向标尺和竖向标尺相交处为原点，可以用鼠标左键拖动原点，重新设置原点的位置，如图 1–10 所示。

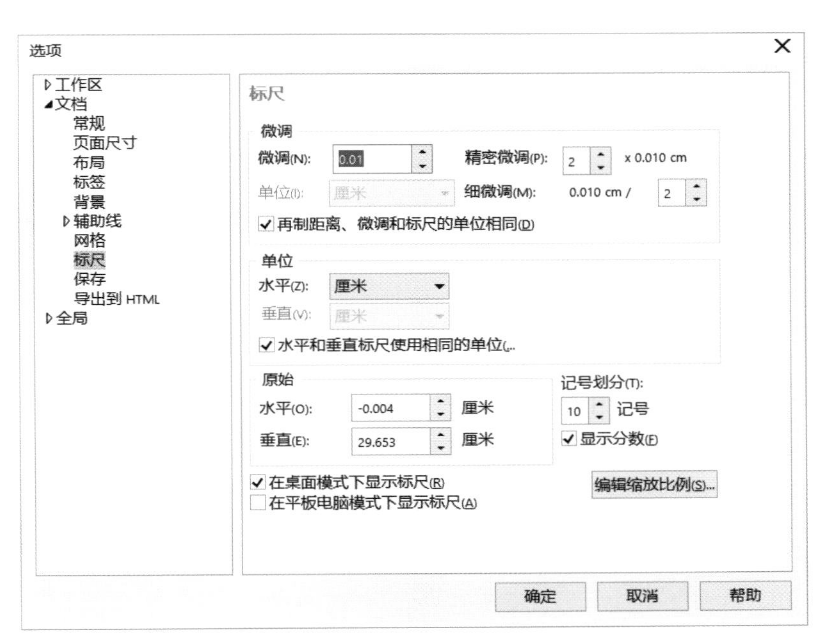

图 1–9　标尺的设置

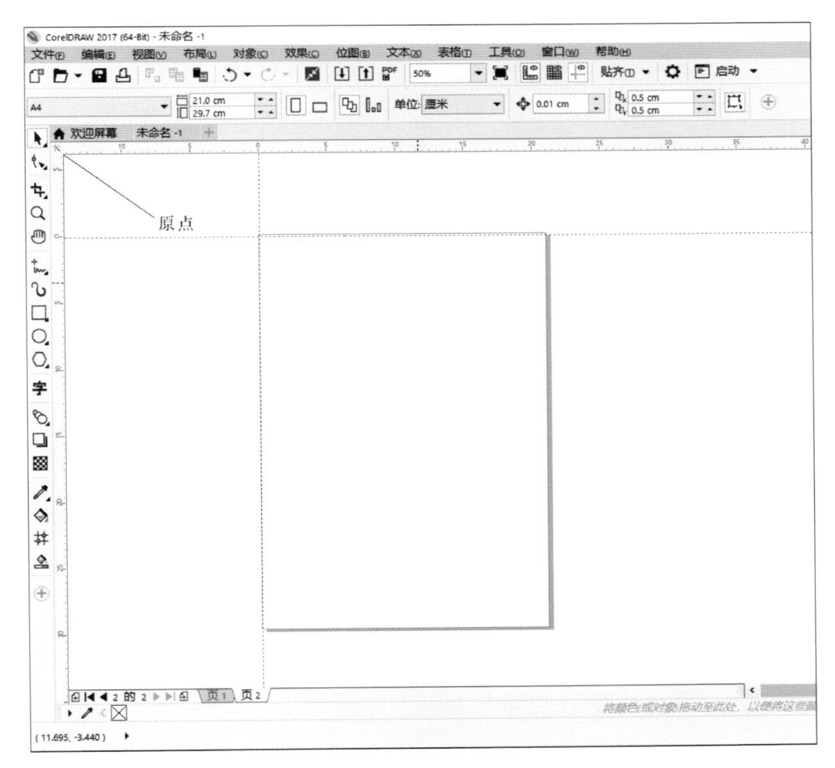

图 1–10　原点的设置

九、状态栏

图 1–3 最下方是状态栏。当绘制一个图形对象并选中时，该栏将显示图形对象的高度、宽度、中心位置、填充情况等当前状态数据。

第二节 CorelDRAW 2017 工具箱

工具箱在默认状态下位于程序界面的左侧，竖向排列。CorelDRAW 2017 的工具箱涵盖了绘图、造型的大部分工具。

图标右下方带有黑色小三角表示本类工具还包含其他工具。按住图标不放，会打开一个工具组，显示更多的工具。这里着重介绍服装设计中经常使用的工具。下面按照工具箱的顺序依次介绍。

一、选择工具

选择工具组（图 1–11）是工具箱中第一个工具，它具有以下多种功能。

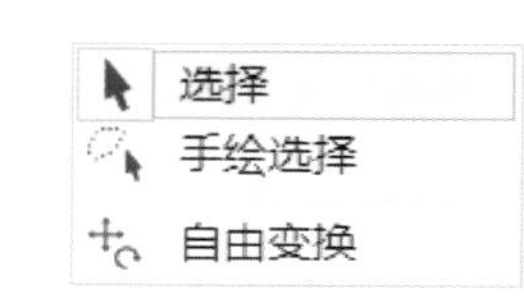

图 1–11 选择工具

（1）选择不同的功能和菜单。

（2）单击对象后四周出现黑色小方块表示选中。

（3）拖动鼠标出现虚线方框，选中框内的所有内容。

（4）在选中状态下，拖动鼠标可移动该对象。

（5）在选择工具下，双击对象，对象四周出现双向箭头，中心出现圆心，表示可旋转该对象。

（6）在选中状态下，单击调色盘中的某个颜色，可以填充该颜色。

（7）在选中状态下，在某个颜色上单击鼠标右键，可以将对象轮廓颜色改变为该颜色。

二、形状工具

形状工具组包括【形状】、【平滑】、【涂抹】、【转动】、【吸引】、【排斥】、【沾染】、【粗糙】，如图 1–12 所示。其中使用较多的工具是【形状】、【涂抹】和【粗糙】。

（1）【形状】：它是绘图造型的主要工具之一。利用该工具可以增减节点、移动节点；可以将直线变为曲线，将曲线变为直线；可以对曲线进行形状改变等。

图 1–12 形状工具

（2）【涂抹】：可以对曲线图形进行不同色彩之间的穿插涂抹，实现特殊的造型效果。

（3）【粗糙】：可以将图形边缘做毛边处理。实现特定服装材料的质感效果。

三、裁剪工具

裁剪工具组包括【裁剪】、【刻刀】、【橡皮擦】和【虚拟段删除】等。使用较多的工具是【刻刀】和【橡皮擦】。

（1）【刻刀】：可以将现有图形进行任意切割，实现对图形的绘制改造。

（2）【橡皮擦】：可以擦除图形的轮廓和填充，实现快速造型的目的。

四、缩放工具和平移工具

【缩放工具】：可以将图纸（包括图形）放大或缩小，方便在绘图过程中查看全图和局部。

【平移工具】：可以自由移动图纸，方便查看图纸的任意部位。

五、手绘工具

手绘工具组包括【贝塞尔】、【手绘】、【2点线】、【钢笔】、【B样条】、【折线】、【3点曲线】、【LiveSketch】、【智能绘图】，如图 1–13 所示。

图 1–13　手绘工具

（1）【手绘】：是绘制画线最基本的工具，可以绘制单段直线、连续直线、闭合图形等。

（2）【贝塞尔】：是使用频率较高的工具之一，可以绘制连续自由曲线，并且在绘制曲线过程中，通过调节手柄控制曲线弧度。

（3）【钢笔】：可以绘制连续直线、曲线、图形等。

（4）【折线】：可以快速绘制连续直线和图形。

六、矩形工具

矩形工具组包括【矩形】和【3点矩形】工具，如图 1–14 所示。

【矩形】：是绘制服装图形的常用工具，利用该工具可以绘制垂直和水平放置的长方形，按住【Ctrl】键可以绘制正方形。

七、椭圆工具

椭圆工具组包括【椭圆形】和【3点椭圆形】，如图 1–15 所示。

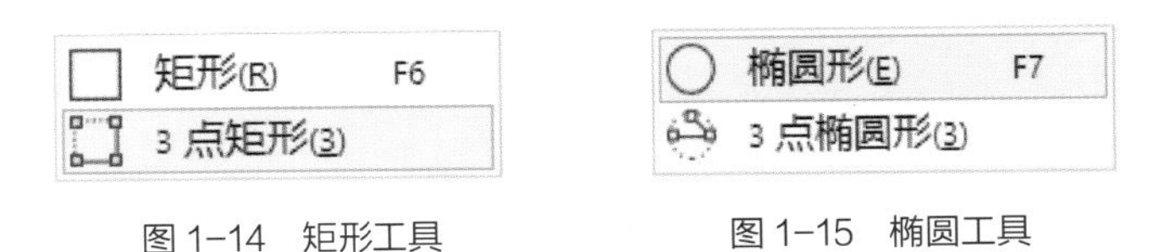

图 1–14　矩形工具　　图 1–15　椭圆工具

【椭圆形】工具也是绘制服装图形的常用工具，利用该工具可以绘制垂直和水平放置的椭圆，按住【Ctrl】键可以绘制正圆形。

八、多边形工具

多边形工具组包括【多边形】、【星形】、【复杂星形】、【图纸】和【螺纹】等，如图 1–16 所示。

图 1–16　多边形工具

（1）【多边形】：可以绘制出任意多边形，边的数量可以在属性栏设置。

（2）【星形】和【复杂星形】：可以绘制出任意多边星形，边的数量可以在属性栏设置。

（3）【图纸】：可以绘制图纸的方格，形成任意单元表格，行和列可以在属性栏设置。

（4）【螺纹】：可以绘制出任意的螺旋形状，螺旋的密度和展开方式可以在属性栏设置。

九、文本工具

【文本工具】是编辑文字的工具，可编辑英文、中文和数字。

十、调和工具

调和工具组是使用频率较高的工具，包括【调和】、【轮廓图】、【变形】、【封套】、【立体化】工具，如图 1–17 所示。其中较常用的工具是【调和】和【变形】。

图 1–17　调和工具

（1）【调和】：可以在任意两个色彩之间进行任意层次的渐变调和，以获得需要的色调，还可以在两个形状之间进行任意层次的渐变处理，尤其在进行服装推板操作时非常方便。

（2）【变形】：包括推拉变形、拉链变形、扭曲变形，可以使直线变为任意折线或波浪线，多用在绘制服装裙摆处。

十一、阴影工具

【阴影工具】可以对任何图形添加阴影，增加图形的立体感。

十二、透明度工具

利用【透明度工具】可以对已有填色图形进行透明渐变处理，以获得需要的效果，如图 1–18 所示。

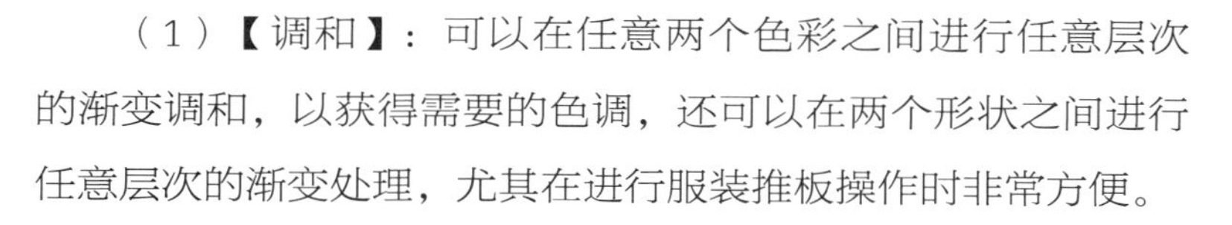

图 1–18　透明度工具

十三、颜色滴管工具

颜色滴管工具组包括【颜色滴管】和【属性滴管】，如图 1–19 所示。

（1）【颜色滴管】：可以获取图形中现有的任意一个颜色，以便获得需要的色彩。

（2）【属性滴管】：与颜色滴管功能基本一致。

图 1-19　颜色滴管工具

十四、交互式填充工具

交互式填充工具组包括【均匀填充】、【渐变填充】、【向量图样填充】、【位图图样填充】、【双色图样填充】、【复制填充】，如图 1-20 所示。

图 1-20　交互式填充工具

（1）【均匀填充】：打开【均匀填充】对话框，调整色彩并进行填充。

（2）【渐变填充】：点选【渐变填充】，在图形上出现手柄后，通过双击手柄增加节点，点击节点在弹出的对话框中选中颜色，从而获得需要的颜色。

（3）【向量图样填充】、【位图图样填充】、【双色图样填充】：可以在属性栏中选择系统自带的向量图形进行填充。

十五、网状填充工具

网状填充工具可以对已经填充的图形进行局部填充、局部突出等处理。

十六、智能填充工具

智能填充工具可以选择一个颜色，通过双击工作区一次性填充所有图形。

第三节　CorelDRAW 2017 菜单功能

CorelDRAW 2017 菜单栏中的所有栏目都可以展开下拉菜单，其中的每一个项目都可以完成一项任务，后面带有黑三角的项目表示还可以展开二级下拉菜单。

一、文件

单击菜单栏【文件】，即可打开一个下拉菜单，常用的功能有【新建】、【打开】、【保存】、【另存为】、【导入】、【导出】、【打印】、【退出】等，如图 1-21 所示。这些命令可以在单击后弹出的对话框中完成。

二、编辑

单击菜单栏【编辑】，即可打开一个下拉菜单，如图 1-22 所示。

【编辑】菜单栏的主要功能有【撤销置于 PowerClip 内部】、【重做】、【撤销管理器】、【剪切】、【复制】、【粘贴】、【删除】、【再制】、【克隆】、【复制属性自】、【全选】等命令。其中详细介绍【撤销管理器】、【克隆】和【复制属性自】。

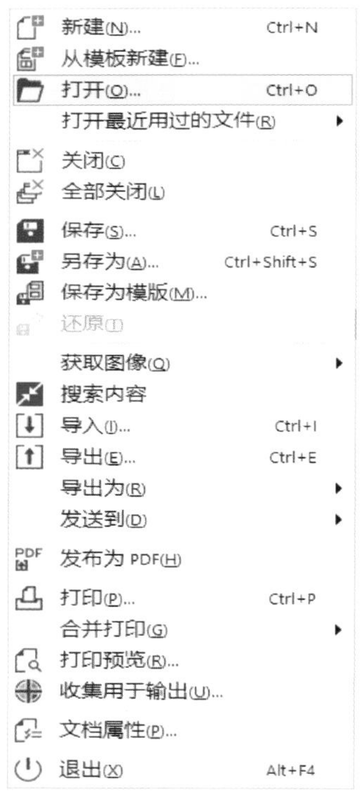

图 1-21　文件

图 1-22　编辑

（1）【撤销管理器】：这个工具等于绘图步骤的历史记录，可以有选择地退回到某个步骤。

（2）【克隆】：这个工具相当于复制，点选原图形，再点选【克隆】就会复制一个图形。

（3）【复制属性自】：可以选择原对象的轮廓，填充或轮廓笔触样式复制到另一个图形上。

三、视图

单击菜单栏【视图】，即可打开一个下拉菜单，如图 1-23 所示。常用的功能有【线框】、【增强】、【全屏预览】、【标尺】、【辅助线】、【对齐辅助线】、【动态辅助线】、【贴齐】等。

（1）【线框】：表示当前文件的状态处于线框状态。

（2）【增强】：表示当前文件的状态处于增强状态，增强视图可以使轮廓形状和文字更加柔和，消除锯齿边缘，选择【增强】模式时还可以选择【模拟叠印】和【无栅化复合效果】。

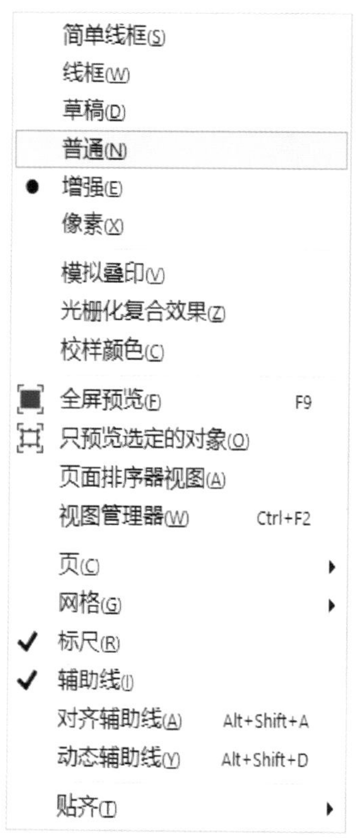

图 1-23　视图

（3）【全屏预览】：单击【全屏预览】，计算机屏幕只显示白色工作区域，双击鼠标或按任意键，即可取消全屏预览。

（4）【标尺】：单击【标尺】时，在工作区显示横向标尺和竖向标尺，表示该命令处于工作状态，若再次单击，去掉【标尺】前面的"√"，则表示处于非工作状态。

（5）【辅助线】：单击【辅助线】，从标尺处拖动鼠标则出现一条辅助线，表示该命令处于工作状态，若再次单击去掉辅助线前面的"√"，则表示处于非工作状态。

（6）【贴齐】：包括【像素】、【文档网格】、【基线网格】、【辅助线】、【对象】、【页面】，根据绘图需要单击勾选命令即可，如图 1-24 所示。

四、布局

单击菜单栏【布局】，即可打开一个下拉菜单，如图 1-25 所示，主要功能包括【插入页面】、【删除页面】、【切换页面方向】、【页面设置】、【页面背景】等。这些功能通过单击命令，打开一个命令对话框，对某些内容进行设置，从而满足需要。

五、对象

单击菜单栏【布局】，即可打开一个下拉菜单，常用的功能有【PowerClip】、【变换】、【对齐和分布】、【顺序】、【合并】、【拆分】、【组合】、【锁定】、【造形】，如图 1-26 所示。

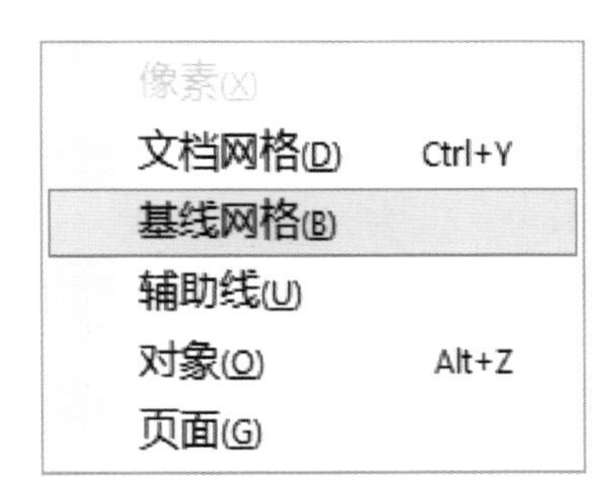

图 1-24 贴齐

图 1-25 布局

图 1-26 对象

1. PowerClip

单击命令【PowerClip】，展开一个二级菜单，从中可以点选【置于图文框内部】，达到填充图形的目的。若要对填充的效果再次调整，点击【编辑 PowerClip】即可，完成后点击【结束编辑】，如图 1–27 所示。

2. 变换

单击命令【变换】，展开一个二级菜单，其中包括【位置】、【旋转】、【缩放和镜像】、【大小】、【倾斜】等。单击某个命令打开一个对话框，这些命令都包含在该对话框中。通过该对话框可以对已经选中的图形对象进行对应的变换命令。单击命令【清除变换】，可以清除已经进行的变换，如图 1–28 所示。

3. 对齐和分布

单击命令【对齐和分布】，展开一个二级菜单，通过这些命令可以对选中的对象进行对齐操作，如图 1–29 所示。

图 1–27　PowerClip

图 1–28　变换

图 1–29　对齐和分布

4. 顺序

单击命令【顺序】，展开一个二级菜单，可以调整所选对象的前后位置，方便绘图，如图 1–30 所示。

5. 组合

【组合】包括【组合对象】、【取消组合对象】、【取消组合所有对象】，如图 1–31 所示。

（1）【组合对象】：可以将选中的两个以上的对象组合为一组，便于移动、填充等操作。

（2）【取消组合对象】：可以在单击这个命令时，将选中的一组对象打散变为单个对象。

图 1–30　顺序

6. 造形

单击命令【造形】，展开一个二级菜单，包括【合并】、【修剪】、【相交】、【简化】、【移除后面对象】、【移除前面对象】、【边界】、【造型】，如图 1–32 所示。

【合并】：可以将选中的两个或两个以上的对象结合为一个对象。

7. 锁定

单击命令【锁定】，展开一个二级菜单，包括【锁定对象】、【解锁对象】、【对所有对象解锁】，如图 1–33 所示。

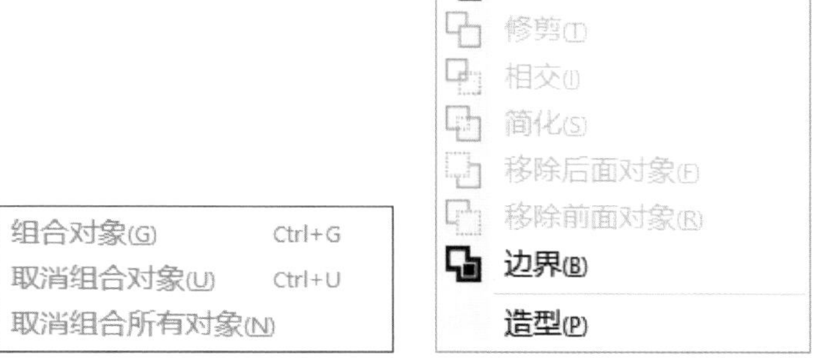

图 1–31　组合　　图 1–32　造形　　图 1–33　锁定

单击命令【锁定对象】，可以将选中的一个或多个对象锁定，对锁定后的对象不能进行任何操作，起到保护已完成对象的作用。若需要解锁，点击命令【解锁对象】即可，若要解锁全部对象，点击命令【对所有对象解锁】即可。

六、效果

单击菜单栏【效果】，打开一个下拉菜单，包括【调整】、【变换】、【校正】、【艺术笔】、【调和】、【轮廓图】、【封套】、【立体化】、【斜角】、【透镜】、【添加透视】、【清除效果】、【复制效果】、【克隆效果】、【翻转】，如图 1–34 所示。

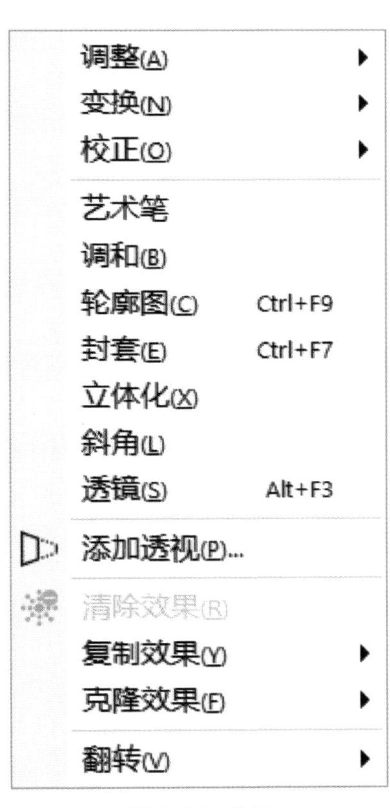

图 1–34　效果

1. 调整

单击命令【调整】，打开一个二级菜单，可以对图形进行【亮度 / 对比度 / 强度】、【颜色平衡】、【伽玛值】、【色度 / 饱和度 / 亮度】等操作，如图 1–35 所示。在图像转换为位图格式时，图中其他的灰色项目变亮，表示可以使用这些命令。

2. 艺术笔

单击命令【艺术笔】，可以打开一个对话框，选择对话框中不同的艺术笔触，进行【预设】、【毛笔】、

【笔刷】、【笔触】、【对象喷雾】等操作，如图 1–36 所示。

艺术笔工具

图 1–35　调整

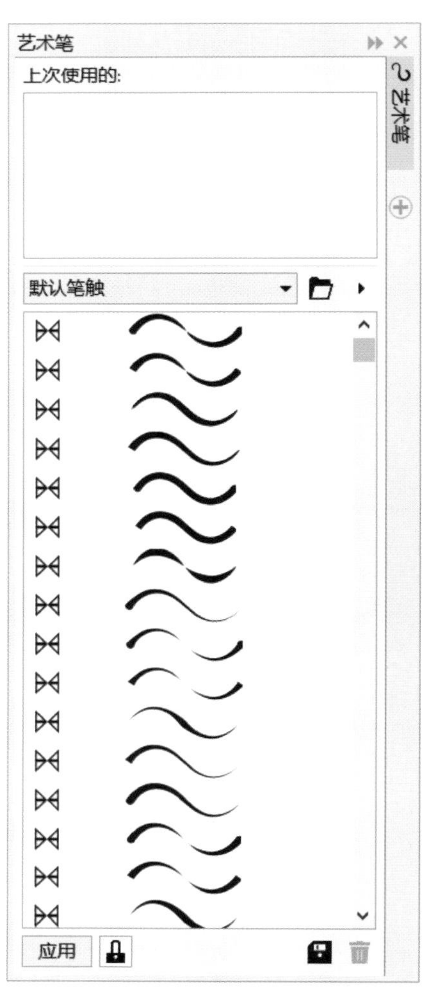

图 1–36　艺术笔

3. 轮廓图

单击命令【轮廓图】，打开一个对话框，可以设置一个或一组对象的轮廓，并且控制轮廓向内、向外或向中心，还可以控制轮廓的数量和距离，如图 1–37 所示。

4. 透镜

单击命令【透镜】，打开一个对话框，可以对一个已经填充色彩的对象进行透明度的设置（图 1–38）。若透明度设为 100 %，则对象是全透明；若透明度设为 0 %，则对象不透明。

七、位图

单击菜单栏【位图】，打开一个下拉菜单，包括【转换为位图】、【三维效果】、【艺术笔触】、【模糊】、【扭曲】、【杂点】等功能，这些功能是绘制服装面料的常用工具，如图 1–39 所示。

图 1-37　轮廓图

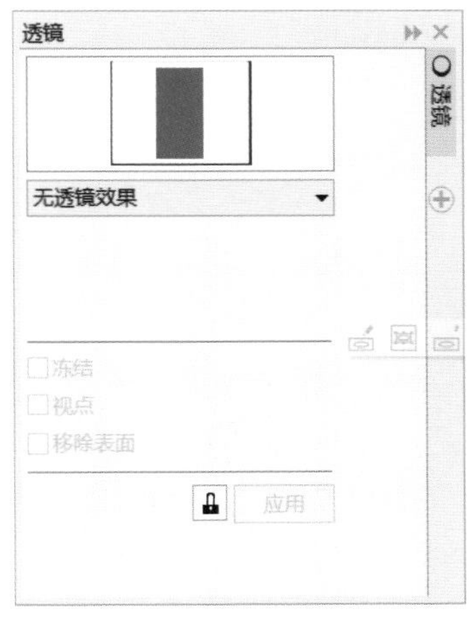

图 1-38　透镜

图 1-39　位图

1. 转换为位图

单击命令【转换为位图】，打开一个对话框，通过对话框可以设置位图的【分辨率】、【颜色模式】等，如图 1-40 所示。这些功能只有在 CorelDRAW 中图形转换为位图之后才能使用。

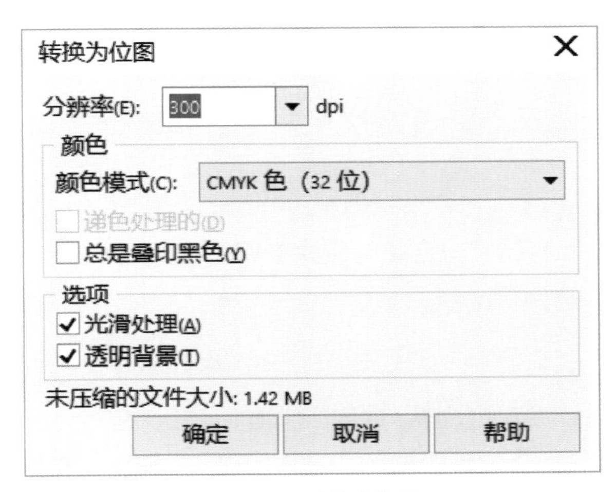

图 1-40　转换为位图

2. 三维效果

单击命令【三维效果】，打开一个二级菜单，通过这些命令可以对一个位图设置【三维旋转】、【柱面】、【浮雕】等效果，如图 1–41 所示。

3. 艺术笔触

单击命令【艺术笔触】，打开一个二级菜单，利用这些命令可以将一个位图对象改变为炭笔画、蜡笔画等艺术效果，如图 1–42 所示。

4. 模糊

单击命令【模糊】，打开一个二级菜单，利用这些命令可以对一个位图对象进行不同艺术效果的模糊处理，从而获得不同的艺术效果，如图 1–43 所示。

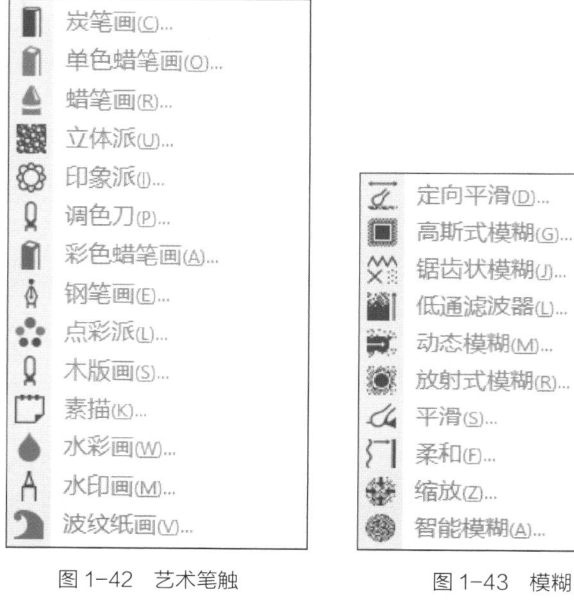

图 1–41　三维效果　　图 1–42　艺术笔触　　图 1–43　模糊

5. 创造性

单击命令【创造性】，打开一个二级菜单，利用这些命令可以对一个位图对象进行创造性画图的操作。在绘制面料时使用该命令，可以创造出不同质感的面料效果，如图 1–44 所示。

6. 扭曲

单击命令【扭曲】，打开一个二级菜单，利用这些命令可以对一个位图对象进行扭曲图案的操作，在绘制面料时常配合【创造性】使用，如图 1–45 所示。

7. 杂点

单击命令【杂点】，打开一个二级菜单，利用这些命令可以对一个位图对象添加不同颜色的杂点，从而获得不同的效果，如图 1–46 所示。

图 1-44　创造性

图 1-45　扭曲

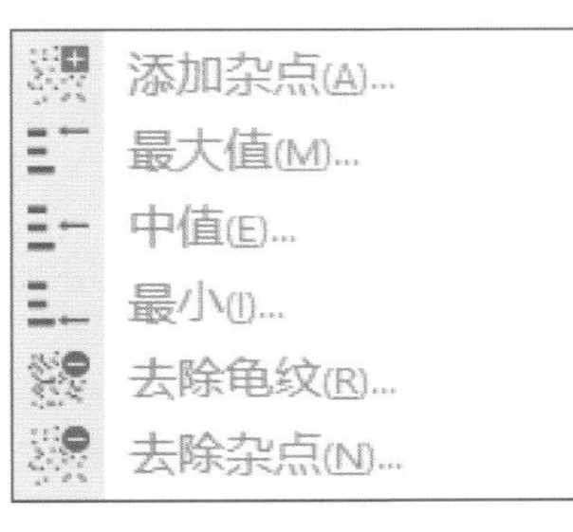

图 1-46　杂点

八、文本

单击菜单栏【文本】，打开一个下拉菜单，主要功能包括【文本属性】、【使文本适合路径】等，如图 1-47 所示。

1. 文本属性

单击【文本属性】命令，打开一个对话框，包括【字符】、【段落】、【图文框】等操作，分别单击【字符】、【段落】、【图文框】可以展开不同的对话框，利用这些对话框可以对文本进行设置，以满足设计需要，如图 1-48 所示。

2. 使文本适合路径

单击【使文本适合路径】命令，可以将一个或一组文本按设定的形状路径排列，从而获得丰富多样的文本排列样式。

九、表格

单击菜单栏【表格】，打开一个下拉菜单，如图 1-49 所示。【表格】包括【创建新表格】、【将文本转换为表格】、【插入】、【选择】、【删除】、【分布】等操作。利用这些命令可以绘制表格。

单击【创建新表格】，在弹出的对话框中可以设置表格的行数、栏数、高度、宽度，如图 1-50 所示。

【将文本转换为表格】可以设置选中的文本以逗号、制表位、段落等为分隔符转换为表格，如图 1-51 所示。

【插入】、【选择】、【删除】、【分布】这些功能是设置表格的工具，如图 1-52 所示。

图 1-47 文本

图 1-48 文本属性

图 1-49 表格

图 1-50　创建新表格

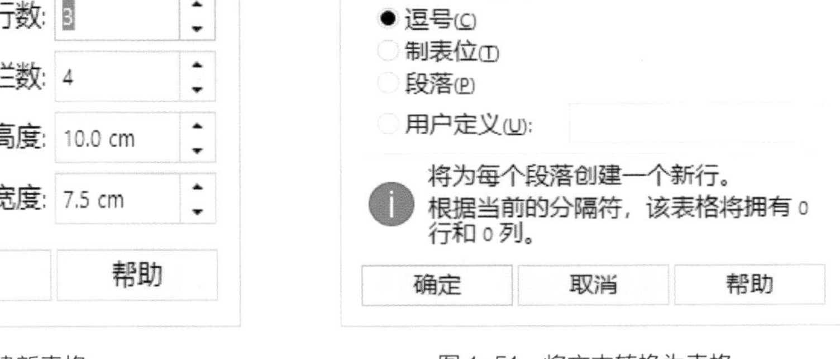

图 1-51　将文本转换为表格

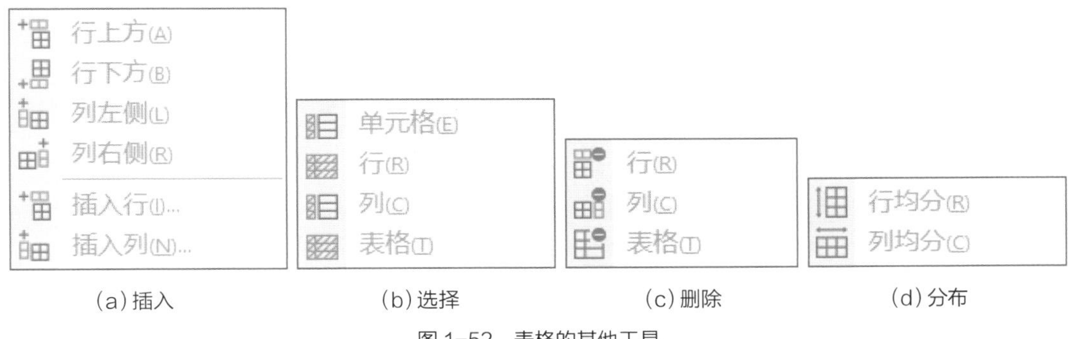

（a）插入　（b）选择　（c）删除　（d）分布

图 1-52　表格的其他工具

十、工具

单击菜单栏【工具】，打开一个下拉菜单，包括【选项】、【自定义】、【将设置保存为默认设置】、【颜色管理】等，如图 1–53 所示。

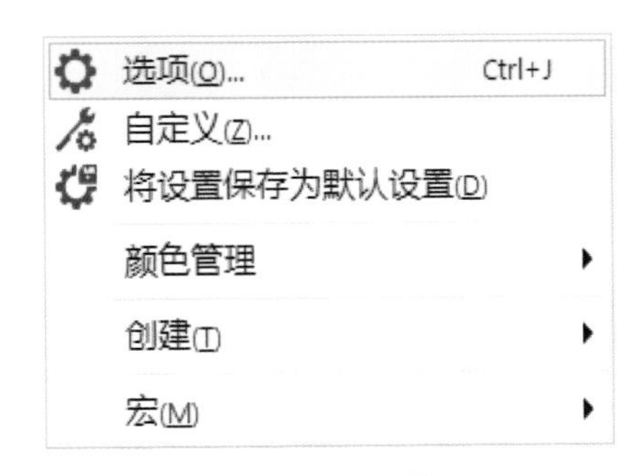

图 1-53　工具

（1）单击【选项】，打开一个对话框，可以设置其中所有的内容，以便符合使用需求。

（2）单击【自定义】，打开一个对话框，可以设置其中所有的内容，以便符合使用需求，如图 1–54 所示。

十一、窗口和帮助

【窗口】菜单下的命令和二级菜单包括了其他菜单中的功能，若一项命令在工作区找不到某些功能时，可以通过窗口找到它。

【帮助】菜单下的命令和项目，是 CorelDRAW 2017 软件的使用说明或教程，它可以帮助用户了解并学习 CorelDRAW 2017 软件的使用方法，以解决使用过程中出现的疑问和困难。

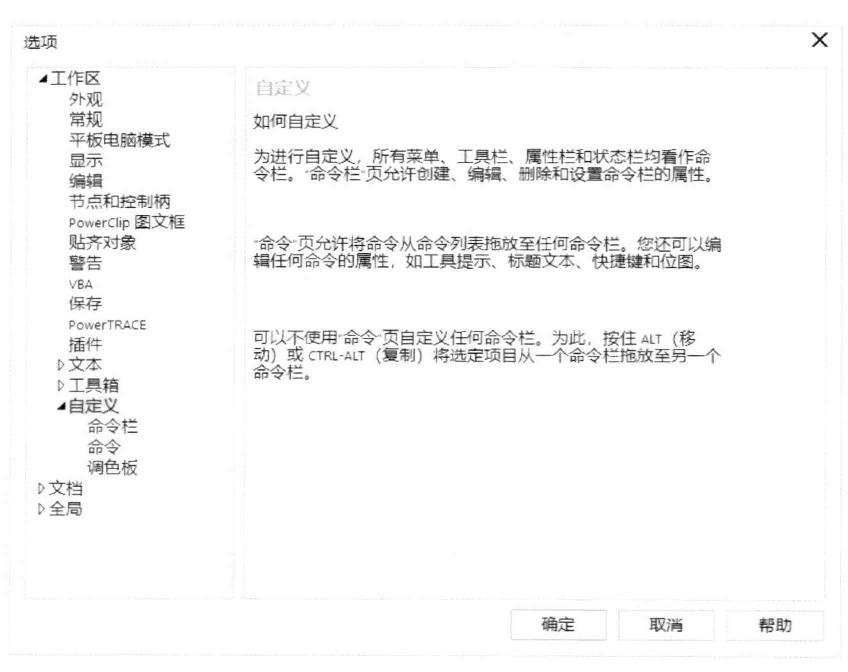

图 1-54　自定义

思考与练习

1.CorelDRAW 2017 工作界面由哪几个部分组成？分别有什么作用？

2.CorelDRAW 2017 工具箱中有哪些工具？分别有什么功能？

第二章
服装款式设计及案例

章节导读

- 服装款式的绘制比例
- 服装部位和局部设计
- 男装款式设计
- 女装款式设计

第一节　服装款式的绘制比例

服装款式的绘制比例参照人体的实际尺寸设定。如在日本女装规格和参考尺寸中，女性的 S 号服装全肩宽是 38cm，在绘制时肩宽设置为 38cm，背长设置为 36cm，袖长设置为 54cm。

服装款式图与制版图的严谨程度不同。服装款式图重在表达服装的视觉效果，有些部位无需过分严谨。如袖笼深线用实际数据绘制时，呈现的款式效果宽且短，偏离了美观的视觉效果。因此在绘制时的数据往往比实际的数据要小 5 ~ 10cm；在绘制臀围和腰围的尺寸时，采用的数据比实际小 10 ~ 15cm。

一、时装中人体的比例与动态

时装画的人体比例常用九头高比例如图 2–1 所示。

（1）时装画人体比例正面的动态如图 2–2 所示。

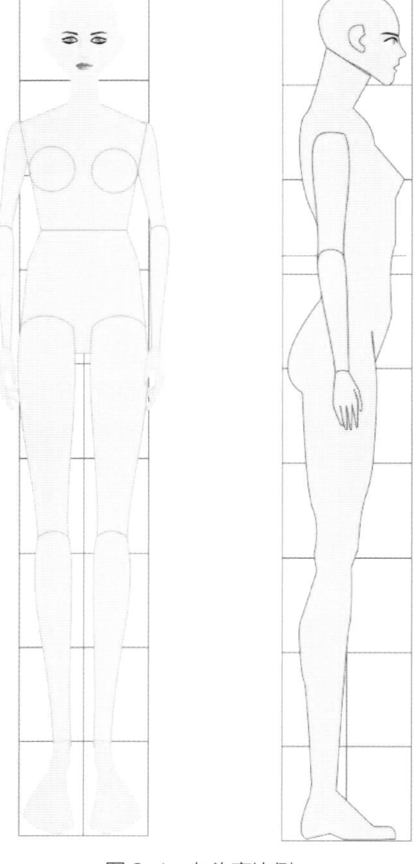

图 2-1　九头高比例

图 2-2　人体比例正面的动态

（2）时装画人体比例侧面的动态如图 2-3 所示。

（3）时装画人体比例背面的动态如图 2-4 所示。

图 2–3　人体比例侧面的动态　　　　图 2–4　人体比例背面的动态

二、设计女裙的步骤及实例

设计女裙的步骤及实例如下。

（1）创建新文档，在菜单栏【文件】中选择【导入】，在弹出的对话框中选择【人体】和【女裙】，如图 2–5 所示。左键框选【人体】，单击右键，在下拉菜单中选择【锁定对象】，如图 2–6 所示。

图 2–5　导入

（2）将服装的腰线调整到与人体的腰线宽度一致。选择工具箱中的【挑选工具】，将光标放在对角点的位置，出现箭头后，按住左键拖动，调整服装的腰线，如图 2–7 所示。

（3）根据人体的大小调整服装的宽度与长度。在工具箱中选择【形状工具】，左键单击选择肩点上的【节点】，按住左键上下拖动，调整到肩线处；使用【形状工具】，左键单击选择腋下的【节点】，调整到腋下的位置；使用【形状工具】选择裙子侧缝线，调整到胯骨点的位置；使用【形状工具】，左键框选裙摆处所有的节点，向下拉，调整至合适的长度，如图 2–8 所示。

（4）调整细节。在菜单栏中选择【形状工具】，点击鼠标左键选择需要调整的线条，选择线条两端的点进行调整，如图 2-9 所示。最终效果如图 2-10 所示。

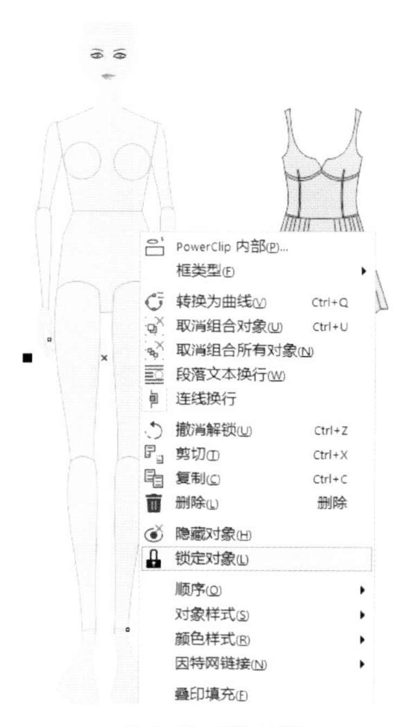

图 2-6 锁定对象

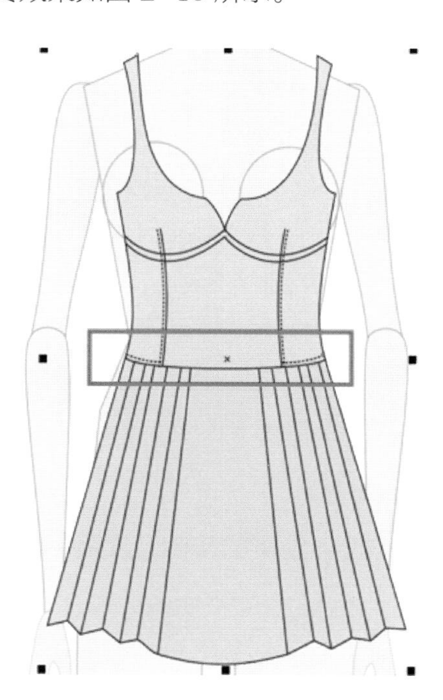

图 2-7 对齐腰线

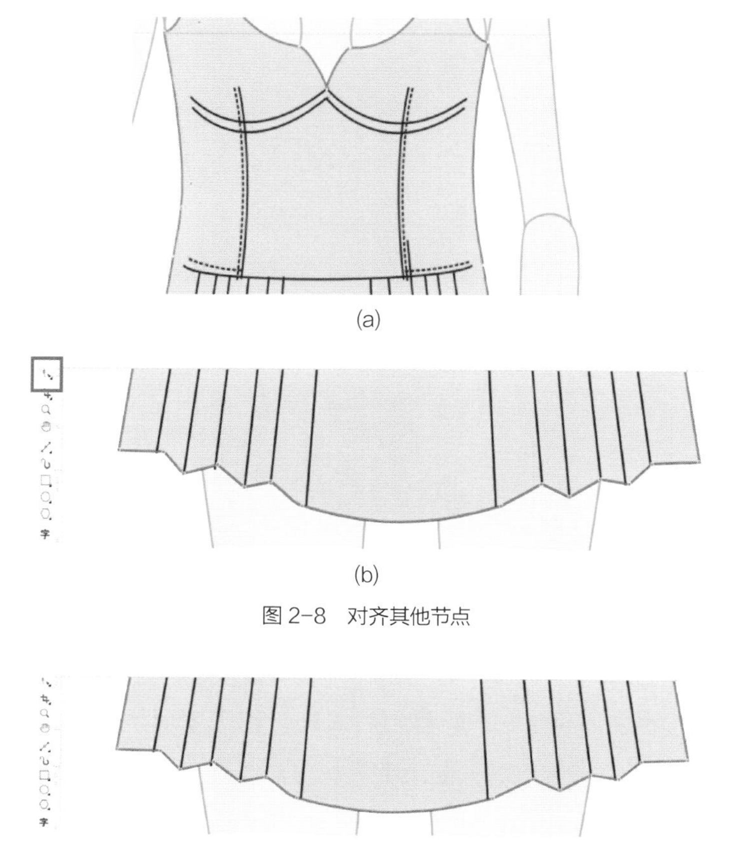

(a)

(b)

图 2-8 对齐其他节点

图 2-9 调整细节

图 2-10 最终效果

第二节　服装部位和局部设计

一、衬衣领的设计

衬衣领的设计步骤如下。

（1）创建新文档。在弹出对话框中将【大小】设为 A4，【单位】设置为厘米，【原色模式】设置为 CMYK，【渲染分辨率】设置为 300dpi，点击【确定】新建文档，如图 2–11 所示。（在本章后续的设计中，创建文档及设置页面原点均依此步骤，不再赘述。）

（2）设置绘图比例。双击【标尺】，在弹出的对话框中点击【编辑缩放比例】，在弹出的对话框中将【页面距离】和【实际距离】分别设置为 1 和 5，如图 2–12 所示。在纵向标尺和横向标尺交叉的【原点】位置，按住鼠标左键，拖出辅助线，设置页面的原点，如图 2–13 所示。

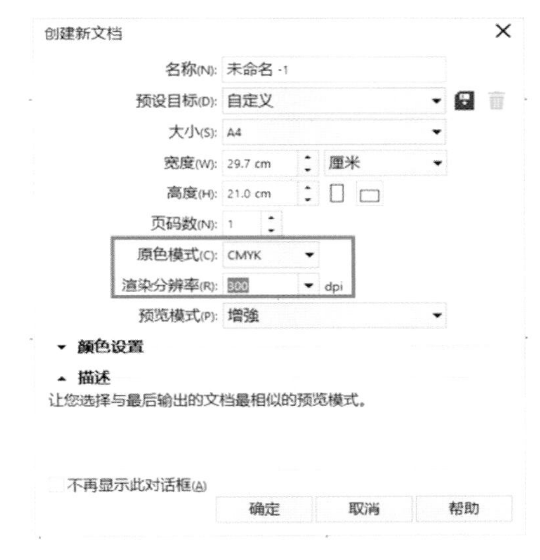

图 2–11　创建新文档

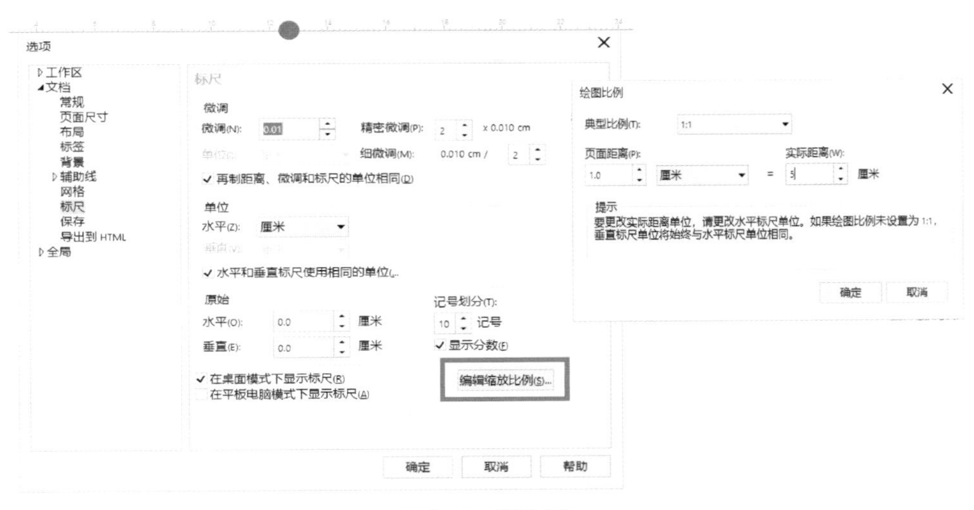

图 2–12　绘图比例

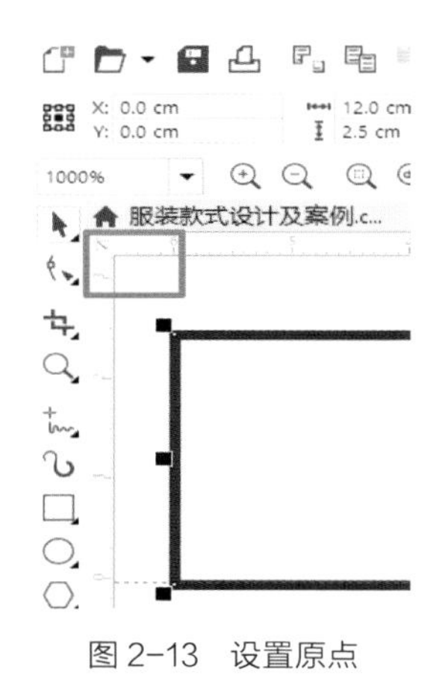

图 2-13　设置原点

（3）绘制衣领基本形状。在工具箱中选择【矩形工具】，画出矩形后，在属性栏【对象大小】中设置矩形的长和宽分别为 12cm 和 2.5cm，如图 2-14 所示。

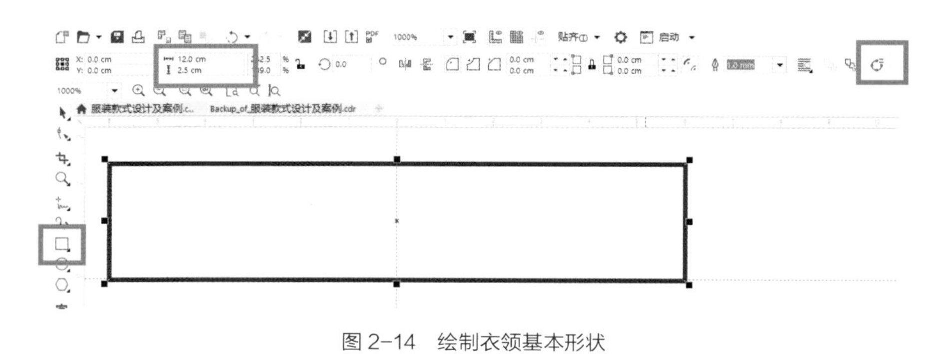

图 2-14　绘制衣领基本形状

（4）绘制领座和领面。点击属性栏中的【转化曲线】，用【形状工具】调整矩形顶边的两端点各向里收缩 1cm，呈上窄下宽的梯形，作为衬衫的领座；用【手绘工具】在领座下画出倒三角形，将领座顶边端点与倒三角的顶点连接，依次连接肩点和领座顶边端点，形成闭合区间，作为衬衫的领面；选择领座按住【Shift】键和鼠标左键往下拉，同时单击鼠标右键，在【线条样式】中选择合适的线性，如图 2-15 所示。

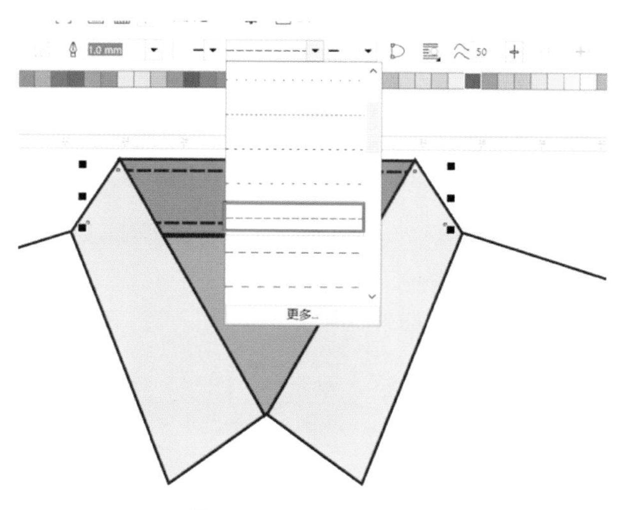

图 2-15　绘制领座和领面

（5）绘制纽扣。在工具箱中选择【矩形工具】画出矩形，并将矩形的长和宽分别设置为 2cm 和 26cm，接着单击右键，在弹出的对话框中选择【顺序】–【到页面背面】，作为门襟。将预先做好的纽扣放在门襟上，点击窗口，在下拉菜单中找到泊坞窗，选择【变换】–【位置】，如图 2–16 所示，将【Y】设为 –7cm，【副本】设为 3，左键单击【应用】，如图 2–17 所示。

（6）最终效果如图 2–18 所示。

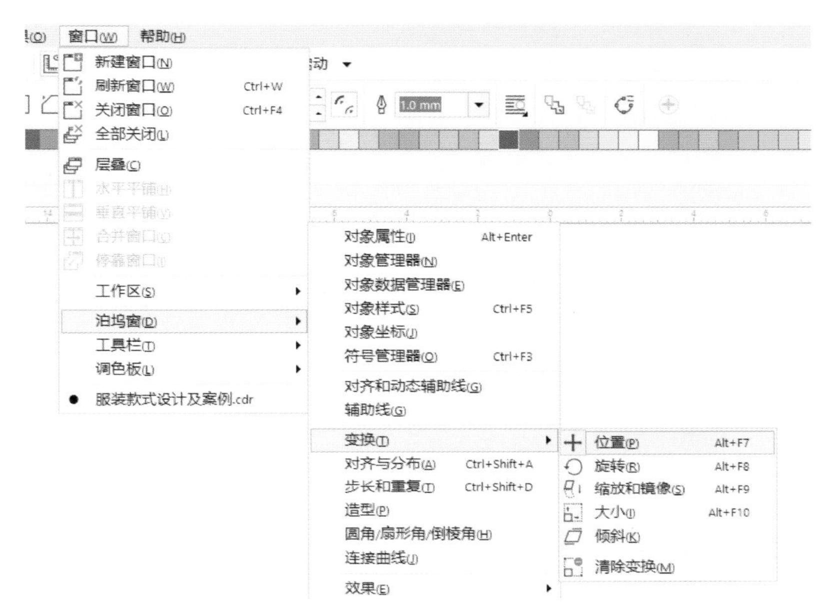

图 2–16　变换位置

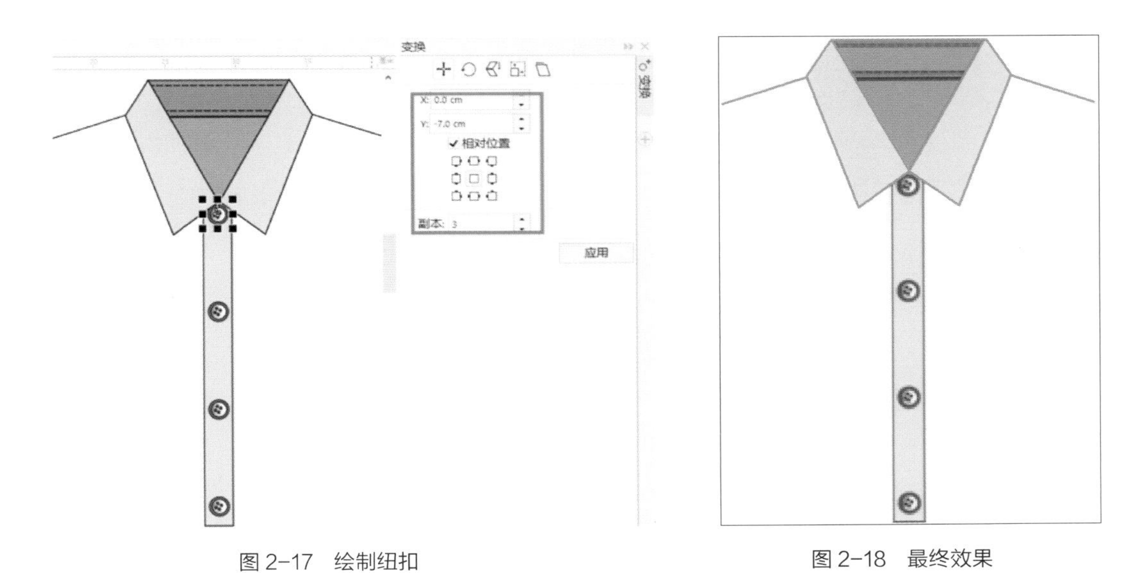

图 2–17　绘制纽扣

图 2–18　最终效果

二、箱式褶口袋的设计

（1）新建文档并设置页面原点。

（2）用【矩形工具】画出矩形，在【对象大小】设置矩形的长和宽分别为 25cm 和

小贴士

绘制矩形、方形

使用【矩形】工具和【3 点矩形】工具都可以绘制出用户所需要的矩形或正方形，并且通过属性栏还可以绘制出圆角、扇形角和倒棱角矩形。

1.【矩形】工具

在工具箱中选择【矩形】工具，在绘图页面中按下鼠标并拖出一个矩形轮廓，拖动矩形轮廓范围至合适大小时释放鼠标，即可创建矩形。在绘制矩形时，按住【Ctrl】键并按下鼠标拖动，可以绘制出正方形。

在绘制图形时，按住【Shift】键能以起始点为中心开始绘制一个矩形，同时按住【Shift】键和【Ctrl】键则能以起始点为中心绘制正方形。

选择【矩形】工具时，在工具属性栏中通过设置参数选项，用户不仅可以精确地绘制矩形或正方形，而且还可以绘制出不同属性的矩形和正方形。

绘制好矩形后，选择【形状】工具，将光标移至所选矩形的节点上，拖动其中任意一个节点，均可得到圆角矩形。另外，属性栏中除提供了【圆角】按钮外，还提供了【扇形角】按钮和【倒棱角】按钮，单击按钮可交换角效果。

2.【3 点矩形】工具

在 CorelDRAW 2017 应用程序中，用户还可以使用工具箱中的【3 点矩形】工具绘制矩形。单击工具箱中的【矩形】工具图标右下角的黑色小三角按钮，在打开的工具组中选择【3 点矩形】工具；然后在工作区中按下鼠标并拖动至合适位置时释放鼠标，创建出矩形图形的一边；再移动光标设置矩形图形另外一边的长度范围，在合适位置单击【确定】按钮即可绘制矩形。

18cm，如图 2–19 所示。

（3）于 –4cm 和 4cm 处设置纵向辅助线，于 –5cm 和 –10cm 处设置横向辅助线。选择矩形，在属性栏中的【转换为曲线】处单击鼠标左键，如图 2–20 所示，使用工具箱中的【形状工具】，在辅助线已设置好的位置双击鼠标左键增加节点，并调节矩形呈口袋的形状，如图 2–21 所示。

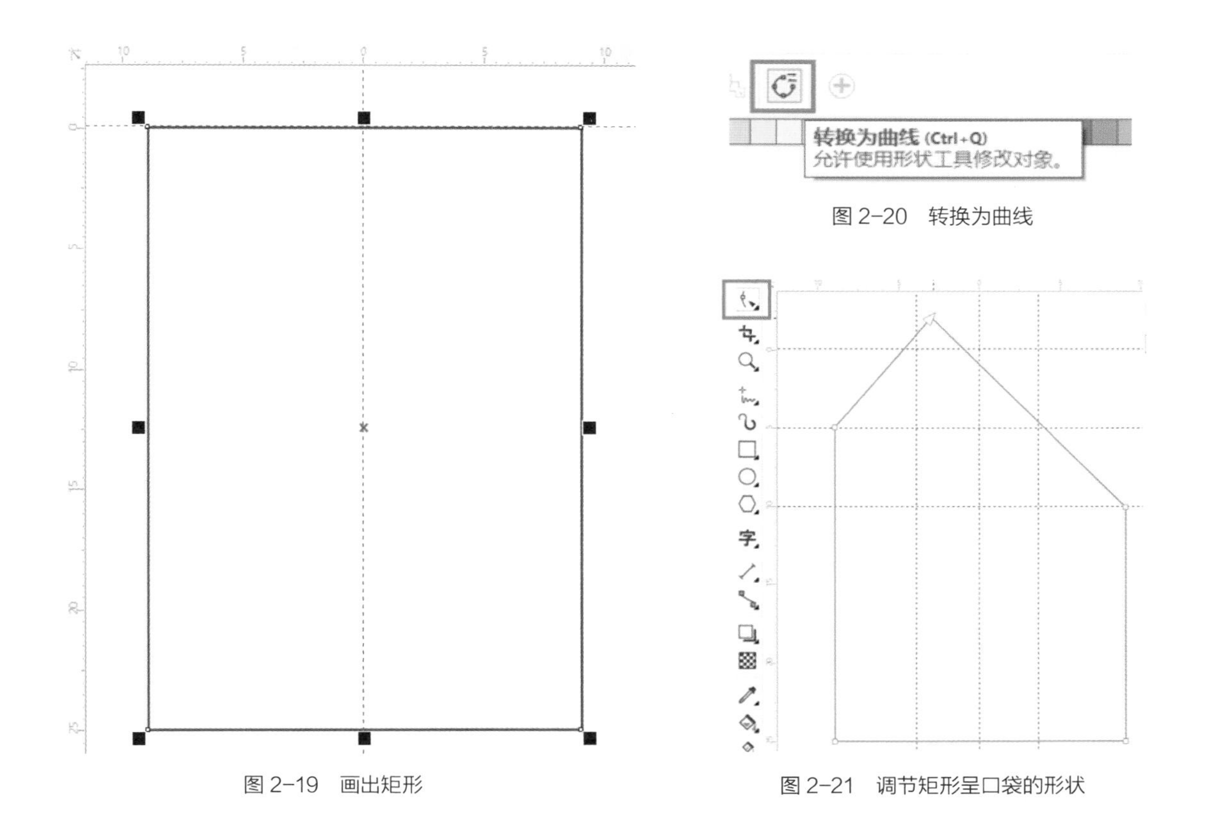

图 2-19　画出矩形

图 2-20　转换为曲线

图 2-21　调节矩形呈口袋的形状

（4）在工具箱中选择【矩形工具】并画出矩形，点击属性栏中【转换为曲线】，使用工具箱中的【形状工具】，在矩形的底边中间双击鼠标左键增加节点，选择节点两侧直线，单击属性栏中的【转换为曲线】，调节矩形呈袋盖形状，如图 2-22 所示。

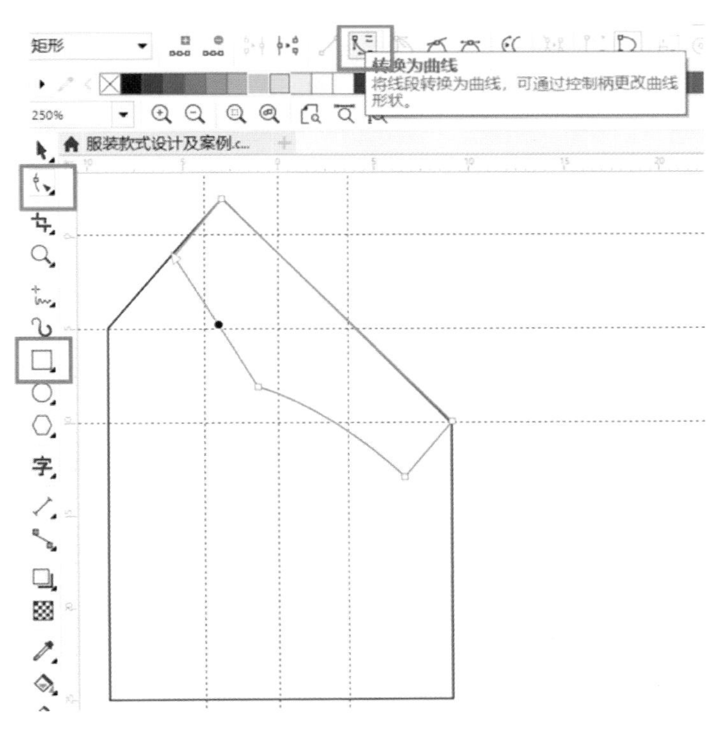

图 2-22　调节矩形呈袋盖形状

（5）选择袋盖状矩形，填充为灰色，用【手绘工具】画出袋盖内的明缉线，并在挑选工具状态下选择线条样式；再选择袋面，按住【Shift】键和鼠标左键往下拉，同时单击鼠标右键，在【线条样式】中选择合适的线性，做出口袋的明缉线；根据辅助线的位置，在袋面上增加两条褶线，如图 2-23 所示。

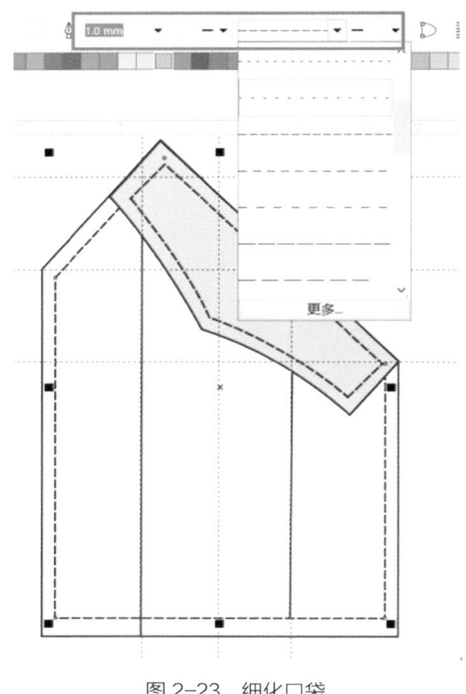

图 2-23　细化口袋

（6）选择袋盖，在【轮廓宽度】中，设置值为 1.5mm；用【椭圆工具】和【手绘工具】画出纽扣和扣眼；用【矩形工具】画出矩形，用步骤（5）的方法将其变为虚线，放在口袋下方作为嵌缝的明缉线。最终效果如图 2-24 所示。

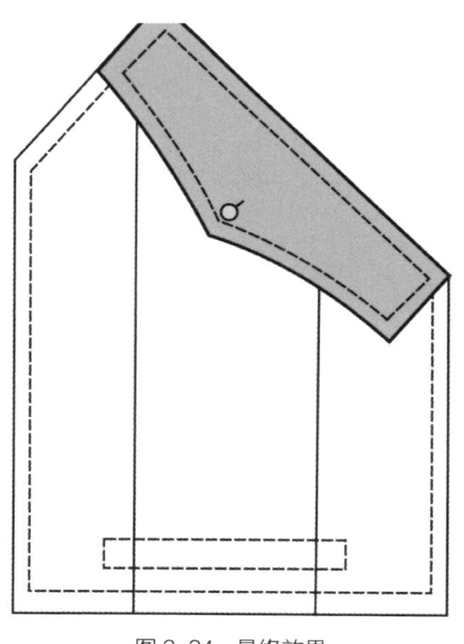

图 2-24　最终效果

三、T 恤衫的袖子设计

T 恤衫的袖子设计步骤如下。

（1）打开已经做好的基础衣身的文档，用【手绘工具】画出基本袖型。

（2）单击【形状工具】选择基本袖型，左键单击属性栏【转换为曲线】，再调节线条的弧度直至做出 T 恤衫的袖型，如图 2–25 所示。

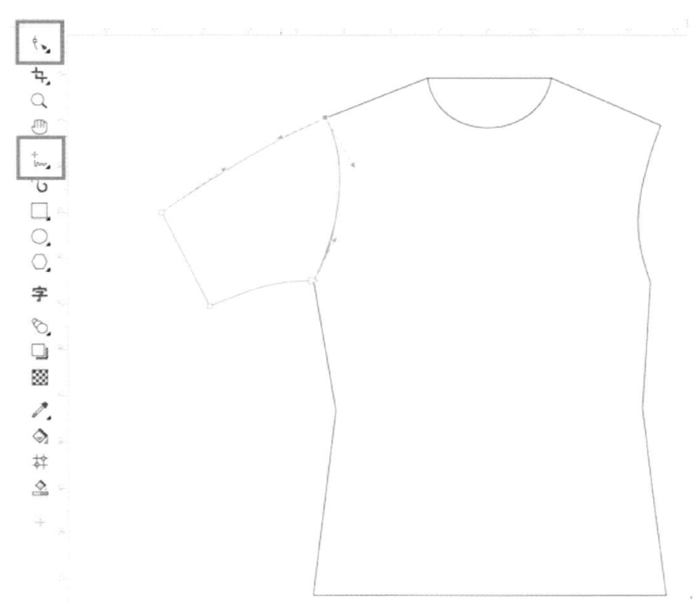

图 2–25　调节 T 恤衫的袖型

（3）用工具箱中的【矩形工具】画出矩形，并点击属性栏中的【转换为曲线】，再点击工具箱中的【形状工具】调整袖口的形状，如图 2–26 所示。

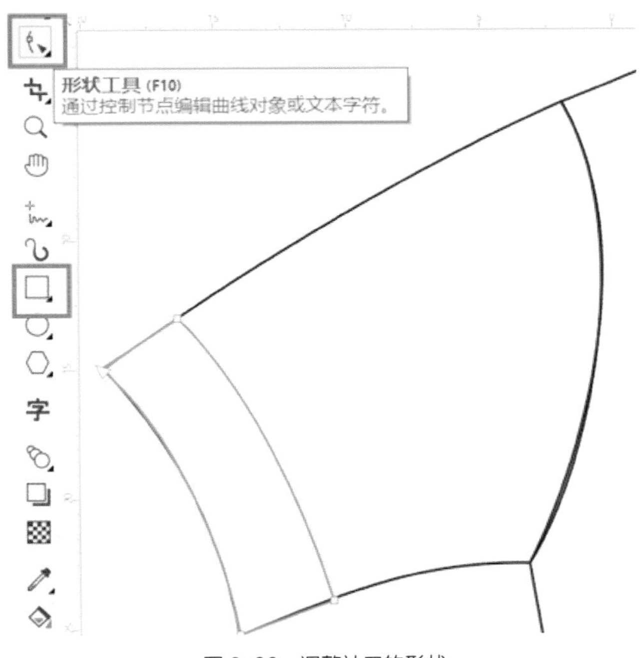

图 2–26　调整袖口的形状

（4）在工具箱中选择【手绘工具】，同时按【Shift】键画直线。选择菜单栏【窗口】–【泊坞窗】中的【变换】–【位置】，左键单击直线，将【X】设置为 0.2cm，【副本】设为 1，左键单击【应用】，如图 2–27 所示。单击【挑选工具】并按住鼠标左键框选两条直线，单击右键，在下拉菜单中选择【群组】，再次使用【变换】–【位置】工具，左键单击直线，将【X】设置为 0.7cm，【副本】设为 10，左键单击【应用】，如图 2–28 所示。

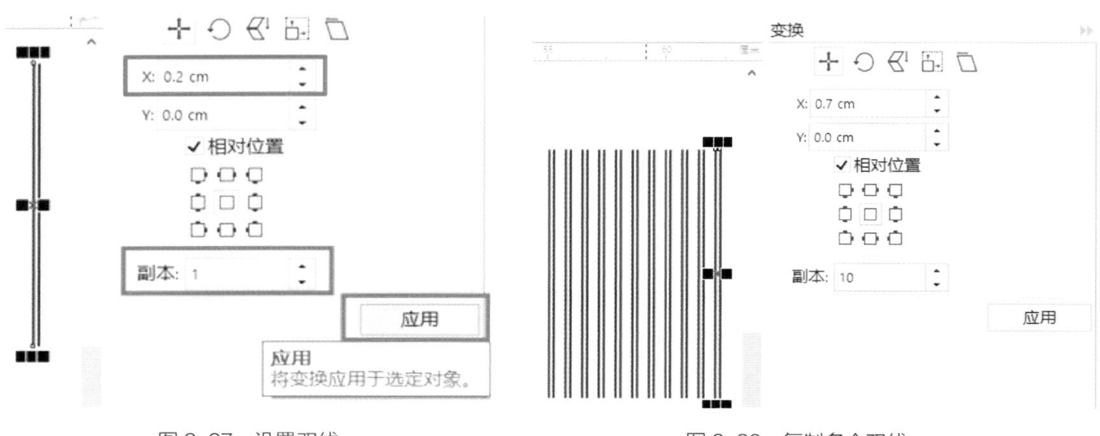

图 2–27　设置双线　　　　图 2–28　复制多个双线

（5）用工具箱中的【挑选工具】框选全部直线；左键单击菜单栏中【对象】–【PowerClip】–【置于图文框内部】工具，如图 2–29 所示。再单击之前画的袖口，将全部直线填充到袖口中，达到袖口螺纹的效果，如图 2–30 所示。若填充后的图形需要修改，再次打开菜单栏中【对象】–【PowerClip】，选择【编辑 PowerClip】即可修改。最终效果如图 2–31 所示。

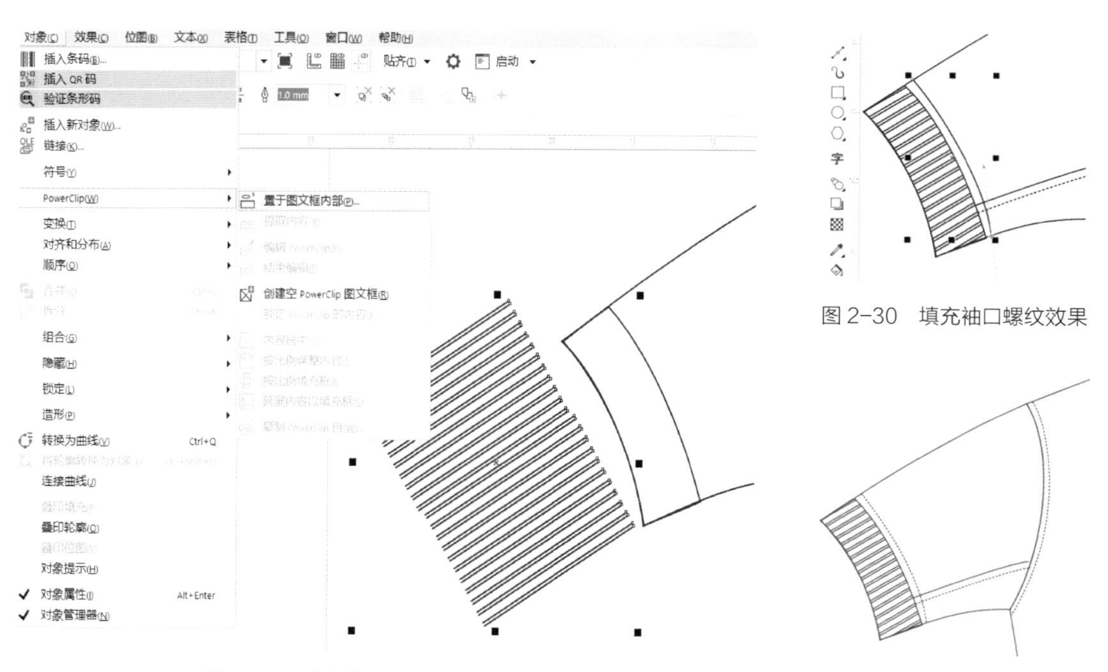

图 2–29　选择【置于图文框内部】工具

图 2–30　填充袖口螺纹效果

图 2–31　最终效果

第三节　男装款式设计

一、枪驳领双排纽西装款式设计

枪驳领双排纽西装各部位尺寸规格参考表 2–1，具体设计步骤如下。

表 2–1　枪驳领双排纽西装参考尺寸　　单位：cm

部位	衣长	胸围	肩宽	袖长	背长
规格	75	104	44	59	42

（1）创建新文档并设置页面的原点。

（2）根据男装尺寸设置辅助线。横向辅助线分别为 0、–5cm（落肩线）、–28cm（袖笼深）、–42cm（背长）、–75cm（衣长）；纵向辅助线分别为 0、7cm（领宽）、–7cm（领宽）、22cm（肩宽）、–22cm（肩宽）。辅助线设置如图 2–32 所示。

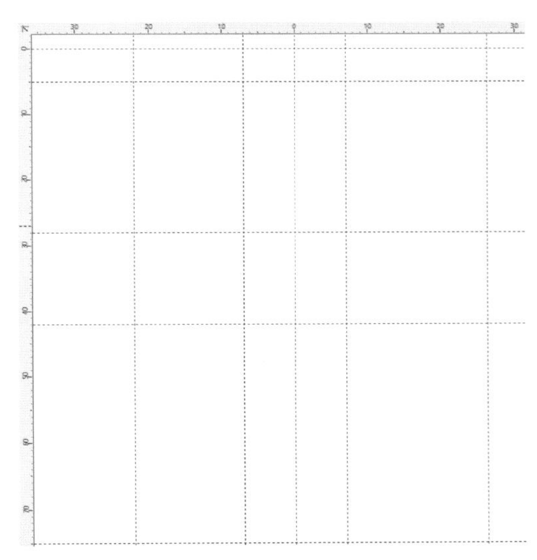

图 2–32　设置辅助线

（3）绘制基本衣身和领座。在属性栏中的【贴齐】下拉菜单中勾选【辅助线】，并选择工具箱中的【手绘工具】，连接设定好的辅助线，绘制出基本衣身；选择工具箱中的【矩形工具】，画出长为 14cm、宽为 2.5cm 的矩形并转换为曲线，绘制出领座，如图 2–33 所示。

（4）调整衣身和领座的形状。

①调整领座。选择工具箱中的【形状工具】，单击矩形上边线两端点各向里收缩 2cm，单击矩形底边直线转换为曲线，长按左键操作手柄调节线条弧度，用同样的方法调节矩形的上边线。

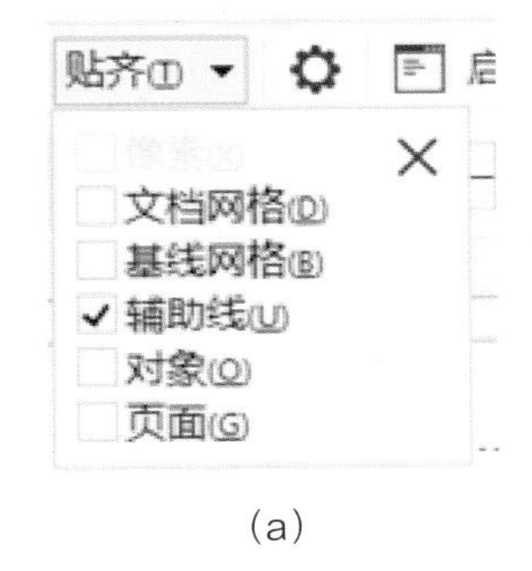

(a)

图 2–33　绘制衣身和领座

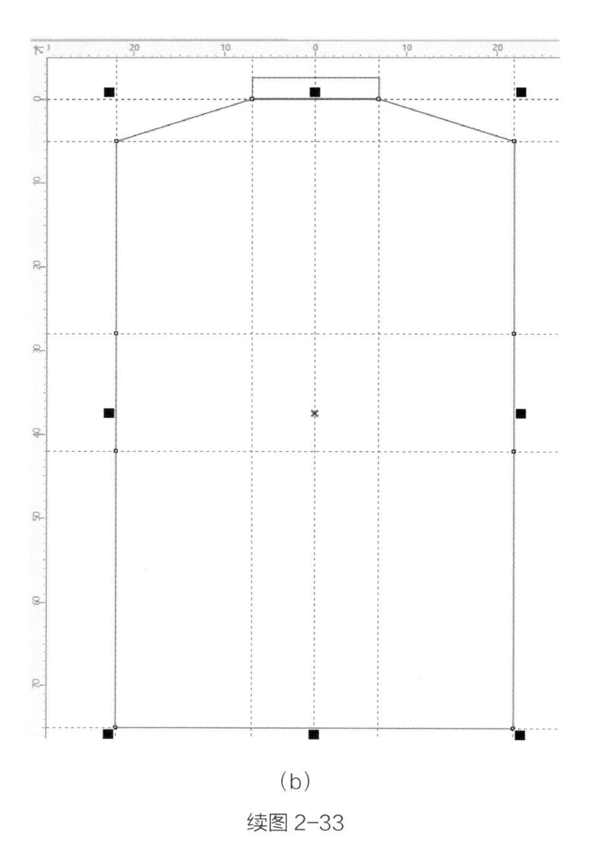

（b）

续图 2-33

②调整衣身。选择工具箱中的【形状工具】，将背长线上的节点向里收，再单击衣身下摆线，转换为曲线，左键按住手柄进行调节，如图 2-34 所示。

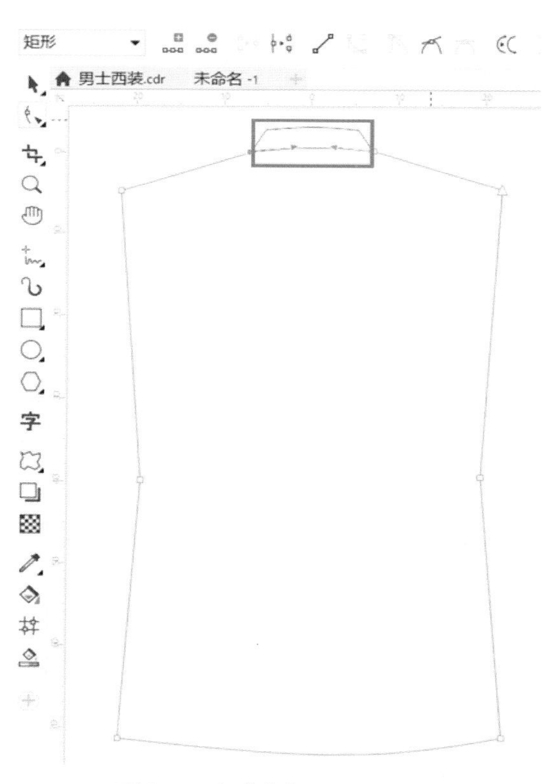

图 2-34　调整衣身和领座的形状

（5）绘制领面。选择工具箱中的【手绘工具】，绘制出领面的基本型，选择【形状工具】，在领面外边线双击鼠标左键以增加节点，绘制出驳口，并适当调整领面线的弧度，最后加上串口线，用【手绘工具】画一条直线即可，如图 2-35 所示；选择菜单栏【窗口】-【泊坞窗】中的【变换】-【位置】工具，将【X】、【Y】的值设置为 0，【副本】设置为 1，并点击【应用】，如图 2-36 所示，复制一个领面，左键单击属性栏【水平镜像】，翻转领面；选择【形状工具】，在两个领面相交的位置双击鼠标左键，增加节点，在框选这两个节点的同时点击属性栏【尖突节点】，再选择这条直线，单击属性栏【转换为线条】，如图 2-37 所示。

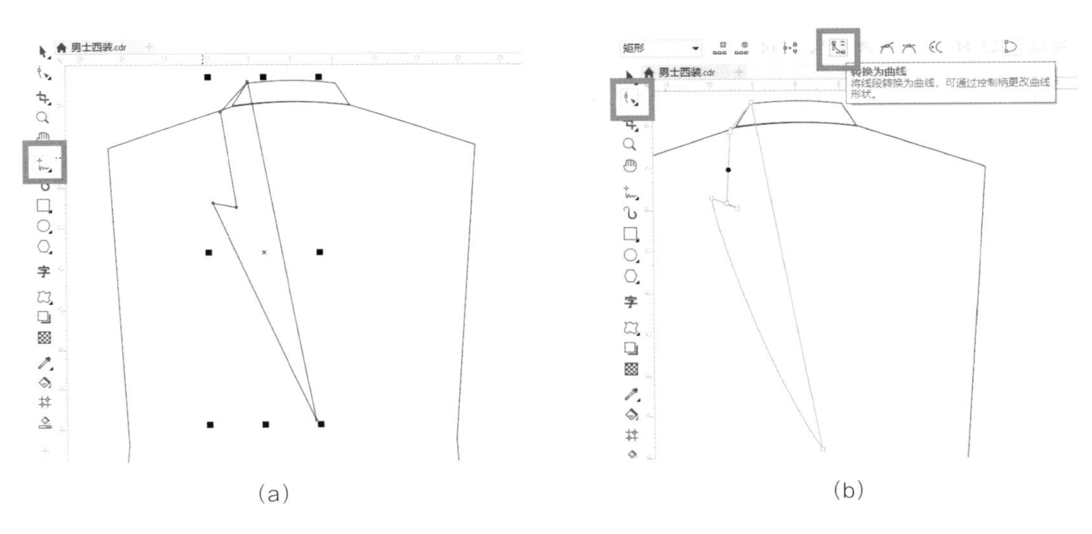

图 2-35　绘制驳口领面

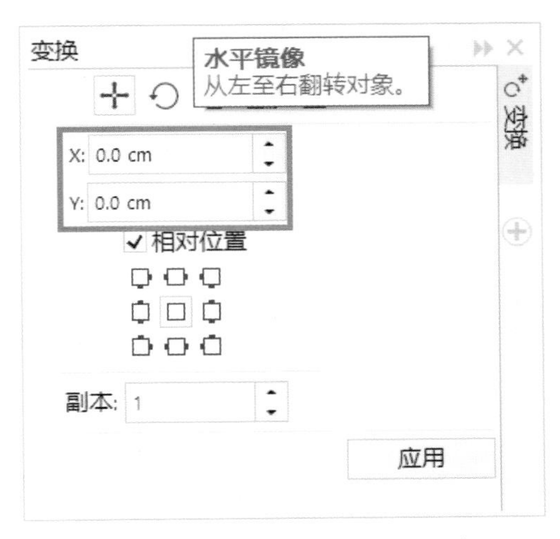

图 2-36　复制另一个领面

（6）绘制袖型。选择【手绘工具】画出基本袖型，再选择【形状工具】并结合【转换为曲线】工具调整袖型的弧度，如图 2-38 所示。选择菜单栏【窗口】-【泊坞窗】中的【变换】-【位置】工具，将【X】、【Y】的值设置为 0，【副本】设置为 1，并点击【应用】，复制一只袖子，单击属性栏【水平镜像】，翻转为另一只袖子，如图 2-39 所示。

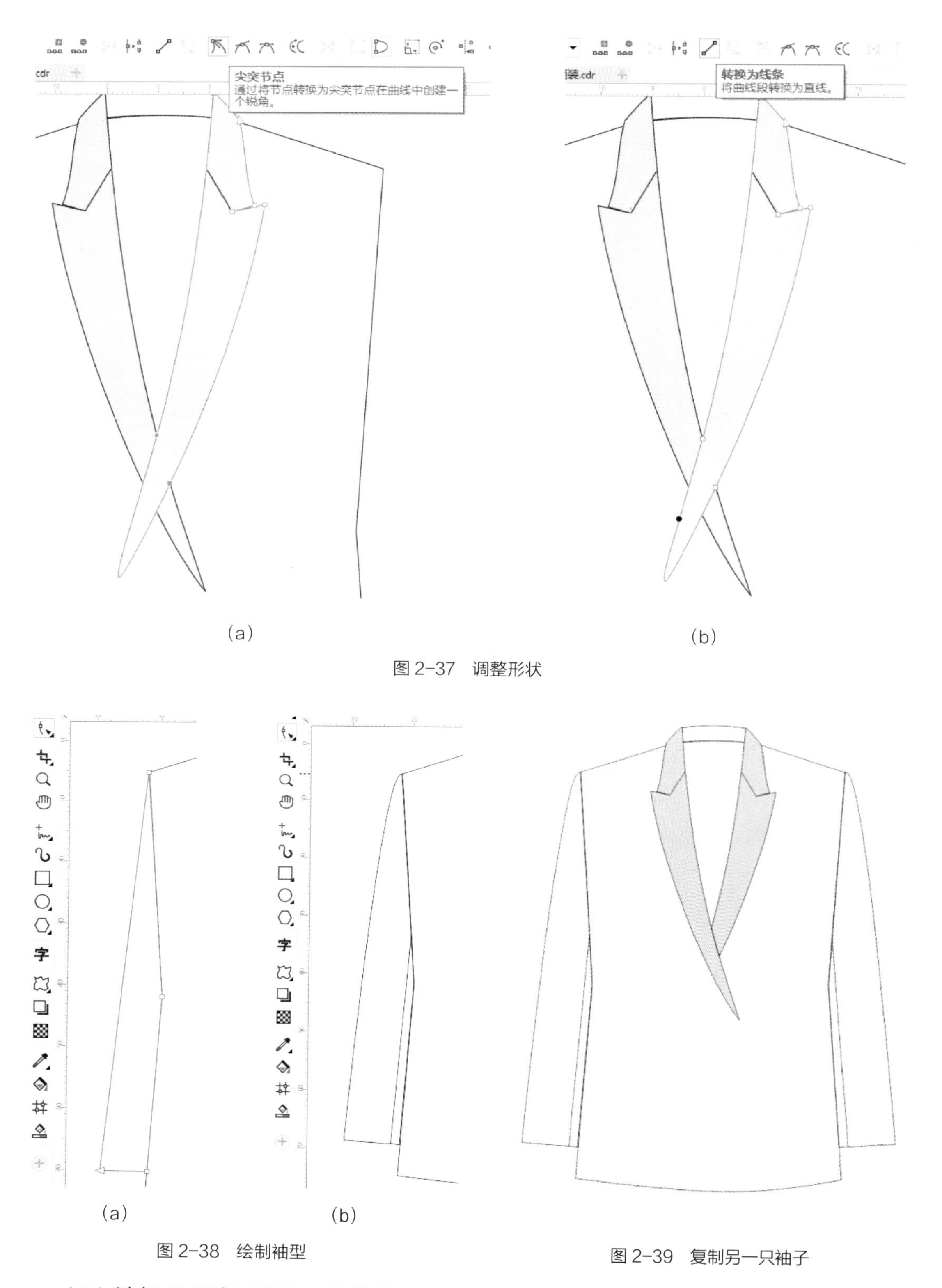

图 2-37　调整形状

图 2-38　绘制袖型

图 2-39　复制另一只袖子

（7）选择【手绘工具】，在枪驳领下面画直线，在左、右衣片上画直线，绘制出门襟和肚省道；选择【椭圆工具】，按住左键向外拉，同时按键盘上的【Ctrl】键，画正圆形，并结合【变换】–【位置】工具（参照步骤（5）的方法）复制几个，做出双排扣；选择【矩形工具】，按住左键并拖动，画矩形，绘制出胸前的手巾袋和口袋。西服上的细节绘制完成以后，选择【挑选工具】单击西服外轮廓线，将【轮廓宽度】设置为 2.5mm。枪驳领双排纽西装的最终效果如图 2-40 所示。

镜像对象

图 2-40 枪驳领双排纽西装的最终效果

二、男士西裤设计

男士西裤的设计步骤如下。

（1）创建新文档，设置页面的原点。

（2）设置辅助线。纵向为 0，横向分别为 0、–28cm（臀围线）、–107cm（裤长），如图 2–41 所示。

（3）绘制腰头和基本裤型。

①在工具箱中选择【矩形工具】，单击选择已画好的矩形，将属性栏【对象大小】设置为 35cm、5cm，作为腰头，放在辅助线原点的位置。

②再次用【矩形工具】画矩形，将【对象大小】中长、宽分别设置为 107cm、45cm，并将矩形作为基本裤型，紧贴着放在腰头下面。在工具箱中选择【形状工具】，在矩形两侧线的 –28cm 处，双击鼠标左键，增加两个节点，选择矩形上边线上的两个端点，分别向里拖动至与腰头下边线的两个端点重合，如图 2–42 所示。

（4）绘制侧缝线。在工具箱中选择【形状工具】，左键单击矩形两侧 –28cm 节点至腰头的斜线，线上出现黑点后，点选属性栏中【转换为曲线】。左键单击斜线的两个端点，左键拖动手柄调节直线的弧度，如图 2–43 所示。

（5）绘制裤口。工具箱中选择【形状工具】，在矩形底边线的中心处以及两侧分别用双击左键增加节点，点击图标左键将中心处的节点拖动至 –28cm 辅助线处。分别在两个裤口的中心处增加节点，向下拖动节点，形成基本裤型，如图 2–44 所示。

图 2-41　设置辅助线

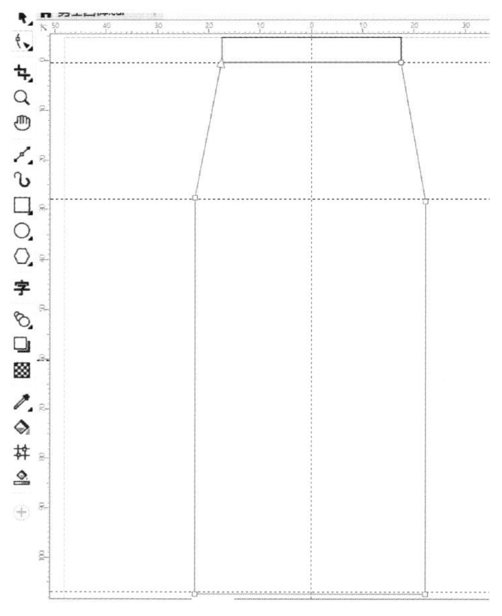

图 2-42　绘制腰头和基本裤型

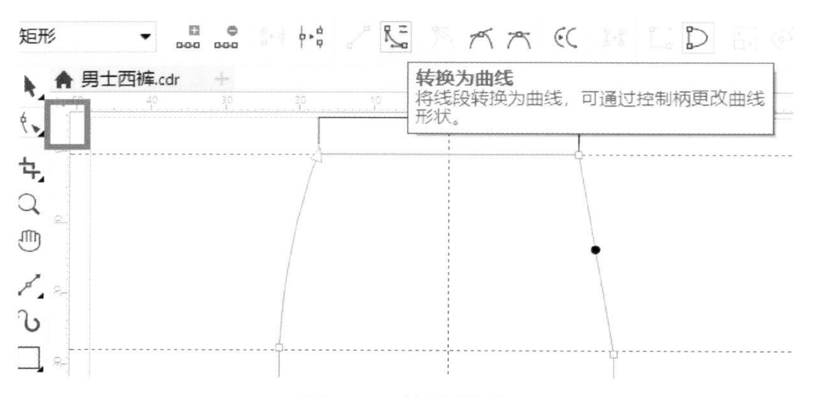

图 2-43　绘制侧缝线

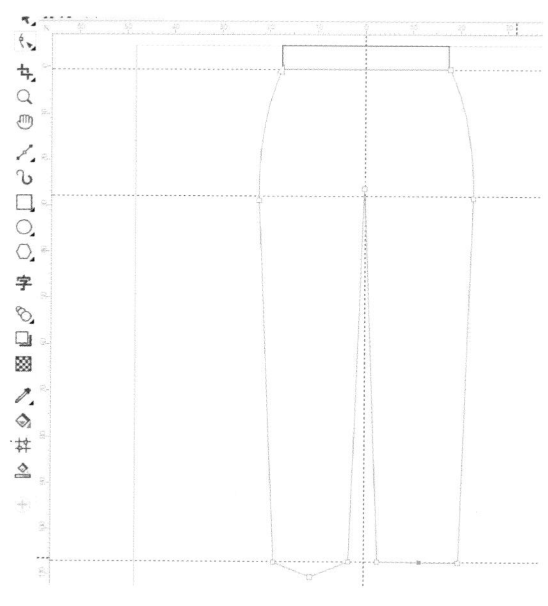

图 2-44　绘制裤口

（6）绘制裤袢、裤门襟、口袋、挺缝线等细节。

①裤袢。选择工具箱中的【矩形工具】绘制矩形，长、宽分别为 6cm 和 1.3cm，再复制一个矩形，分别放在裤腰的两边；用【手绘工具】画长为 5cm 的线段作为腰头；选择工具箱中的【椭圆工具】，按住键盘上的【Ctrl】键同时拖动左键画正圆形，作为纽扣。

②裤门襟、口袋、挺缝线。选择工具箱【手绘工具】，先用直线画出门襟的基本形状，再使用【形状工具】–【转换为曲线】调节直线的弧度。口袋和挺缝线与门襟的绘制方法一样，男士西裤的最终效果如图 2–45 所示。

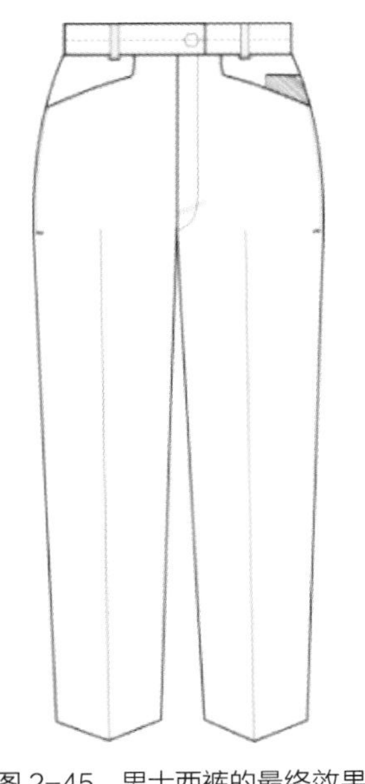

图 2–45　男士西裤的最终效果

第四节　女装款式设计

一、连衣裙款式设计

连衣裙各部位尺寸如表 2–2 所示。连衣裙的设计步骤如下。

表 2–2　连衣裙各部位尺寸　　单位：cm

部位	肩宽	背长	臀围	衣长
规格	37	36	86	110

（1）创建新文档，并设置页面的原点。

（2）设置辅助线。横向辅助线分别为 0、–2.5cm（落肩线）、–19.5cm（袖笼深线）、–36cm（背长线）、–54cm（臀围线）、110cm（裙长线）；纵向辅助线分别为 0、–8cm 和 8cm（领口宽）、–15cm 和 15cm（肩宽）、–21.5cm 和 21.5cm（臀围）。辅助线设置如图 2–46 所示。

（3）绘制基本裙型。在工具箱中选择【手绘工具】，根据设定好的辅助线绘制出基本裙型，如图 2–47 所示。

（4）绘制基本领型。在工具箱中选择【矩形工具】并绘制两个矩形，分别放在原点处并在【对象大小】中设置矩形的长和宽为 3cm 和 16cm、11.75cm 和 16cm。再次选择矩形，点击【转换为曲线】，再使用【形状工具】，选择矩形端点处的节点向里拖动，绘制成如图 2–48 所示的形状。

（5）绘制领面。在工具箱中选择【手绘工具】，画出领面的基本形状，接着使用【形状工具】配合【转换为曲线】工具，调节线条的弧度，绘制出领面后，如图 2–49（a）所示，

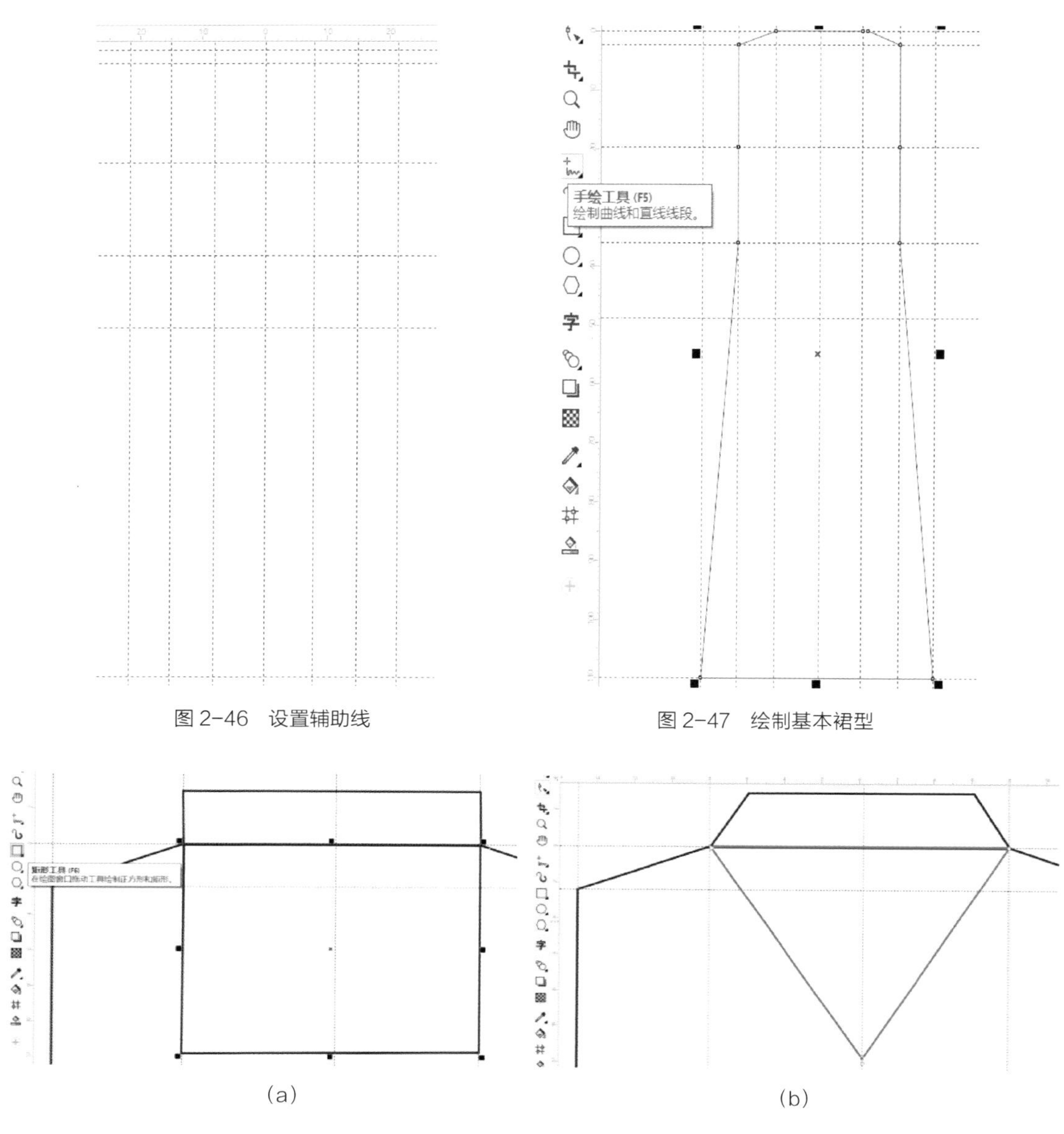

图 2-46　设置辅助线

图 2-47　绘制基本裙型

(a)

(b)

图 2-48　绘制基本领型

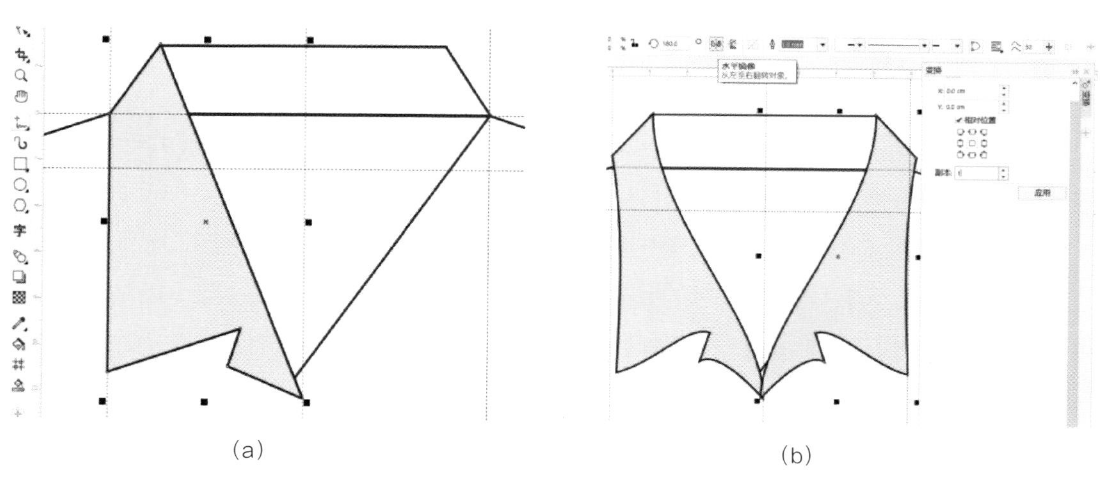

(a)

(b)

图 2-49　绘制领面

选择菜单栏【变化】–【位置】，将领面再复制一个，且单击菜单栏【水平镜像】，翻转领面，如图 2–49（b）所示。选择翻转后的领面，使用【形状工具】，在两个领面的交叠处双击左键增加两个节点，接着点击属性栏中的【尖突节点】，删除此领尖处的节点，双击左键。使用【形状工具】，点击这条线，点击【转换为线条】，完成领面的绘制，如图 2–50 所示。

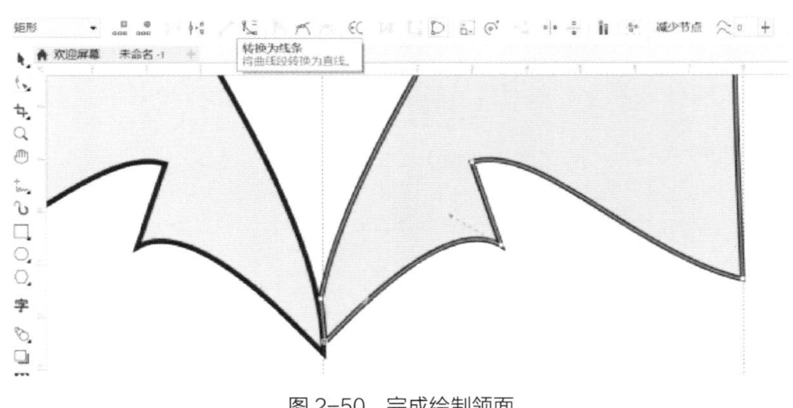

图 2–50 完成绘制领面

（6）绘制衣身。选择工具箱中的【形状工具】，按住左键框选衣身的线条，在属性栏中点选【转换为曲线】，接着单击左键选择需要调整的直线，点选直线两端的节点，出现手柄后，点击左键拖动手柄调节线条的弧度，绘制出衣身的形状，如图 2–51 所示。

（7）细节的绘制。

①绘制纽扣和门襟。选择【椭圆工具】，按住鼠标左键向外拉，同时按键盘上的【Ctrl】键，绘制正圆形，选择菜单栏中的【变换】–【位置】工具，设置【Y】的值为 –15cm，【副本】为 5，点击【应用】，复制 5 个纽扣。

②绘制明缉线。使用【贝塞尔线】绘制出与边缘线同样弧度的线条，在【线条样式】中选择合适的虚线。

③绘制口袋。参照本章第二节“二、箱式褶口袋的设计”中口袋的绘制方法。

④轮廓线加粗。使用【挑选工具】挑选需要加粗的轮廓，在属性栏【轮廓宽度】中选择 2.5mm 的线条，最终效果如图 2–52 所示。

小贴士

贝塞尔工具

贝塞尔工具可以绘制包含曲线和直线的复杂线条，并可以通过改变节点和控制点的位置来控制曲线的弯曲度。

【绘制曲线段】：在要放置第一个节点的位置单击，并按住鼠标左键拖动调整控制手柄；释放鼠标，将光标移动至下一节点位置单击，然后拖动控制手柄以创建曲线。

【绘制直线段】：在要开始该线段的位置单击，然后在要结束该线段的位置单击。

在使用贝塞尔工具进行绘制时无法一次性得到需要的图案，所以需要在绘制后进行线条修饰。配合【形状】工具和属性栏，可以对绘制的贝塞尔线条进行修改。

在调节节点时，按住【Ctrl】键再拖动鼠标，可以设置角度增量为 15°，从而调整曲线弧度的大小。在编辑过程中，按住【Alt】键不放可将节点移动到所需的位置。在编辑完成后，按空格键结束。

图 2-51　绘制衣身

图 2-52　细节的绘制

二、弹性网眼女装上衣款式设计

弹性网眼女装上衣款式设计步骤如下。

（1）创建新文档，并设置页面的原点。

（2）设置辅助线。横向辅助线分别为 0、–4.3cm（落肩线）、–12cm（分割线）、–32cm（袖长线）、–38cm（背长线）、–64cm（衣长）；纵向辅助线分别为 0、–6.5cm 和 6.5cm（领口宽）、–16cm 和 16cm（肩宽）、–21.5cm 和 21.5cm（袖宽）。辅助线设置如图 2–53 所示。

（3）绘制基本衣身。根据设定好的辅助线，使用【手绘工具】绘制出基本衣身；在背长线的交点处，使用【形状工具】选中节点向里收缩，如图 2–54 所示。

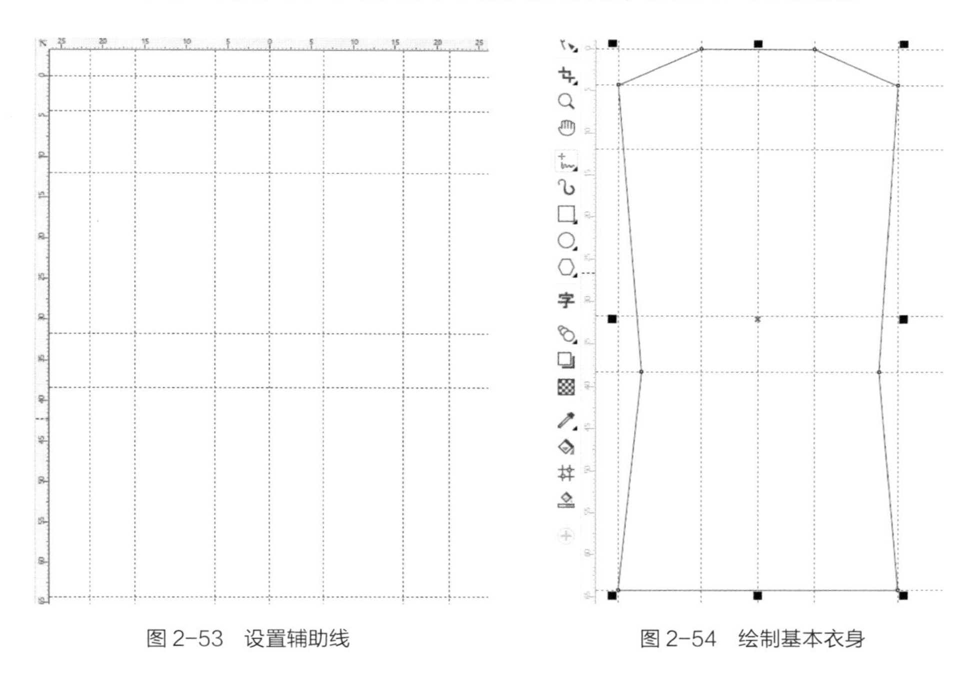

图 2–53　设置辅助线　　　　图 2–54　绘制基本衣身

（4）绘制领口和衣身。

①绘制领口。先使用【形状工具】选择领口线，点选属性栏【转换为曲线】，选择两端的节点，点击鼠标左键拖动节点的手柄调节线条的弧度。根据这个方法，先选择【手绘工具】画直线，再调节线条的弧度，依次绘制出领口的弧线，如图 2–55 所示。

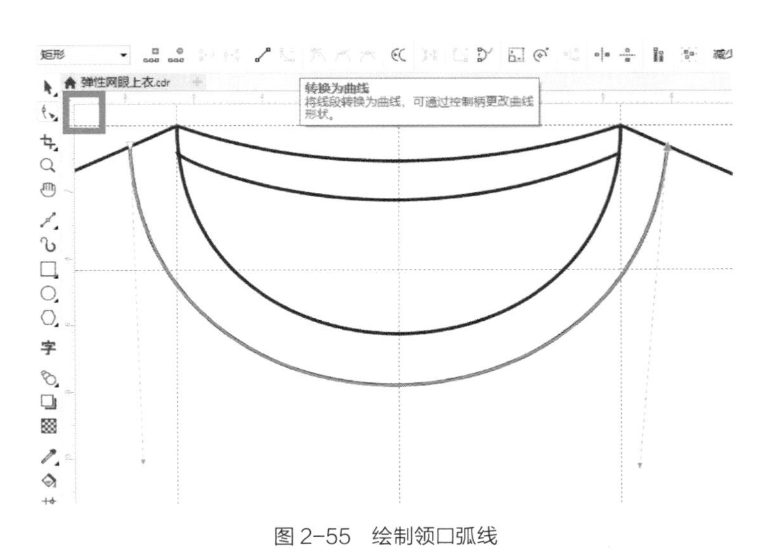

图 2–55　绘制领口弧线

②绘制衣身。选择衣身侧缝线，点选属性栏【转换为曲线】，选择两端的节点，点击左键拖动节点的手柄调节线条的弧度，如图 2–56 所示。

（5）绘制衣袖和网眼。

①绘制衣袖。选择【手绘工具】绘制出衣袖的基本形状，再使用【形状工具】，点

选直线，选择属性栏【转换为曲线】，再选择两端的节点，点击左键拖动节点的手柄调节袖子的形状，使用【矩形工具】绘制袖口，如图 2-57（a）所示。

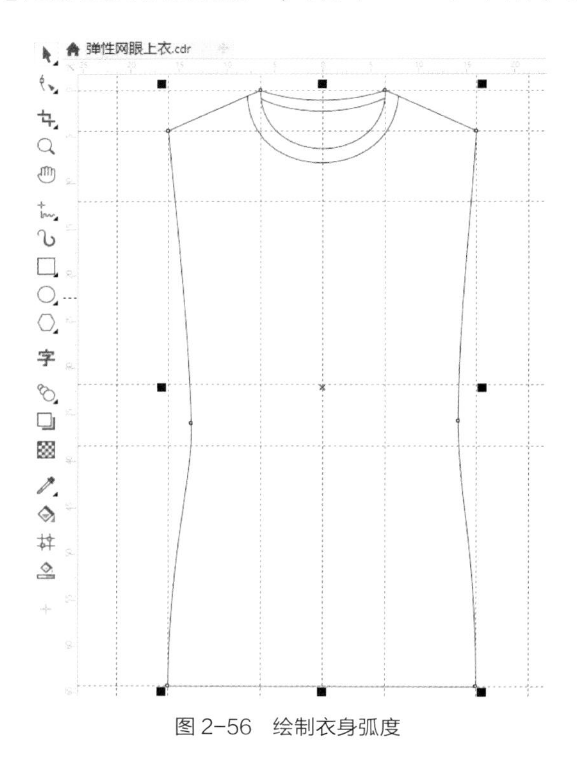

图 2-56　绘制衣身弧度

②绘制网眼。使用【手绘工具】画直线，选择【变换】-【位置】，设置【X】值为 1.5cm，勾选【相对位置】，设置【副本】为 10，左键点击【应用】结束操作；再次使用【手绘工具】画直线，选择【变换】-【位置】，设置【Y】值为 1.3cm，勾选【相对位置】，设置【副本】为 10，左键点击【应用】，结束编辑。使用【挑选工具】框选全部直线，单击右键，在弹出的对话框中点选【群组】。再次选择网格，选择菜单栏【对象】-【PowerClip】-【置于图文框内部】结束操作，如图 2-57（b）所示。

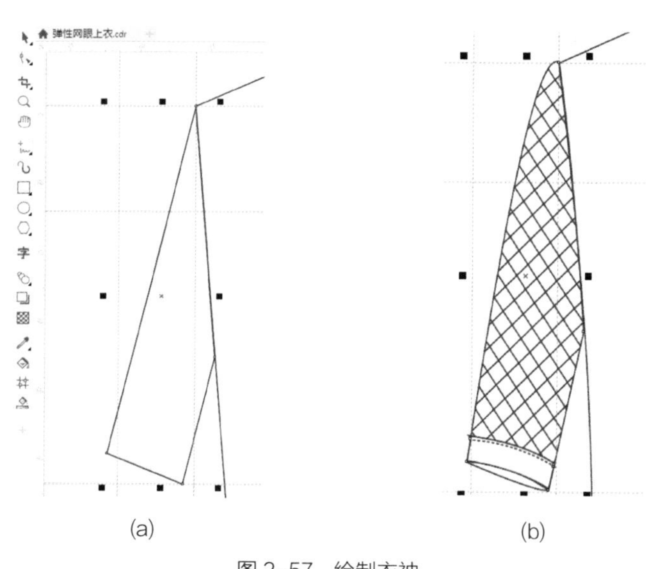

图 2-57　绘制衣袖

（6）绘制衣片分割。使用【手绘工具】从 1/2 肩线向下摆中心处画斜线，再选择【形状工具】选择该斜线，点选【转换为曲线】，左键拖动节点的手柄调节分割线。再使用【窗口】–【泊坞窗】–【造型】中的【修剪】，左键单击分割线，点击【修剪】，再左键单击衣身，结束操作。然后复制镜像绘制右边的分割线，如图 2–58 所示。

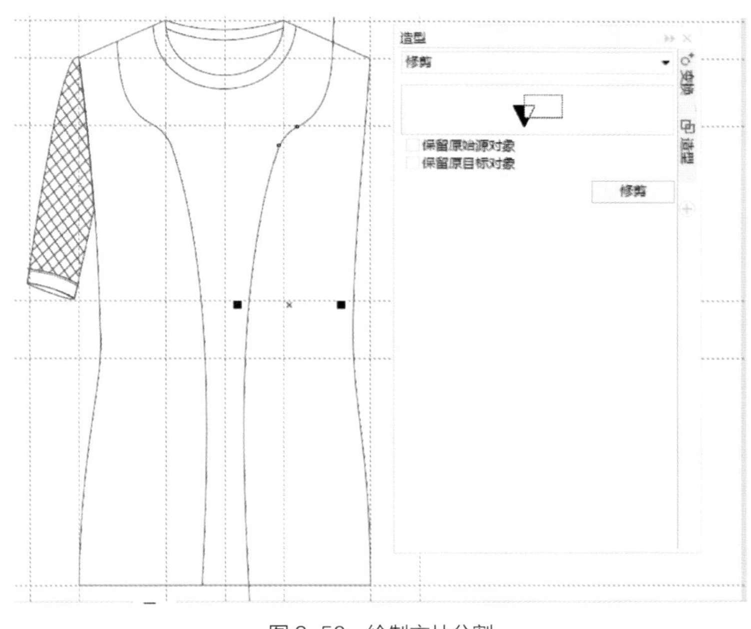

图 2–58　绘制衣片分割

（7）细节绘制。再将绘制好的网格，按照第（5）步“绘制网眼”的操作填充。弹性网眼女装的最终效果如图 2–59 所示。

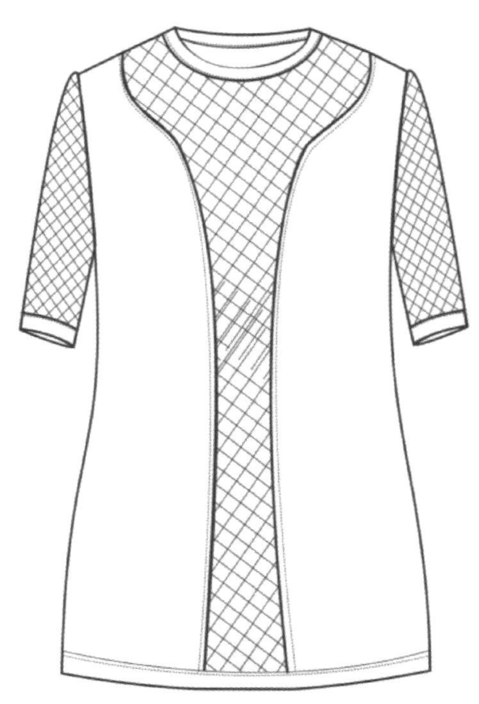

图 2–59　弹性网眼女装的最终效果

三、短裙款式设计

短裙款式设计的步骤如下。

（1）创建新文档，并设置页面的原点。

（2）设置辅助线并绘制基本裙型。横向辅助线分别为 0、47cm；纵向辅助线为 0。在工具箱中选择【矩形工具】，画出两个矩形后选择其中一个矩形，在属性栏【对象大小】中设置矩形的长和宽分别为 34cm 和 3cm，作为腰头放在原点上面。将另外一个矩形的长和宽设置为 47cm 和 43cm，作为裙身放在原点下面，如图 2-60 所示。

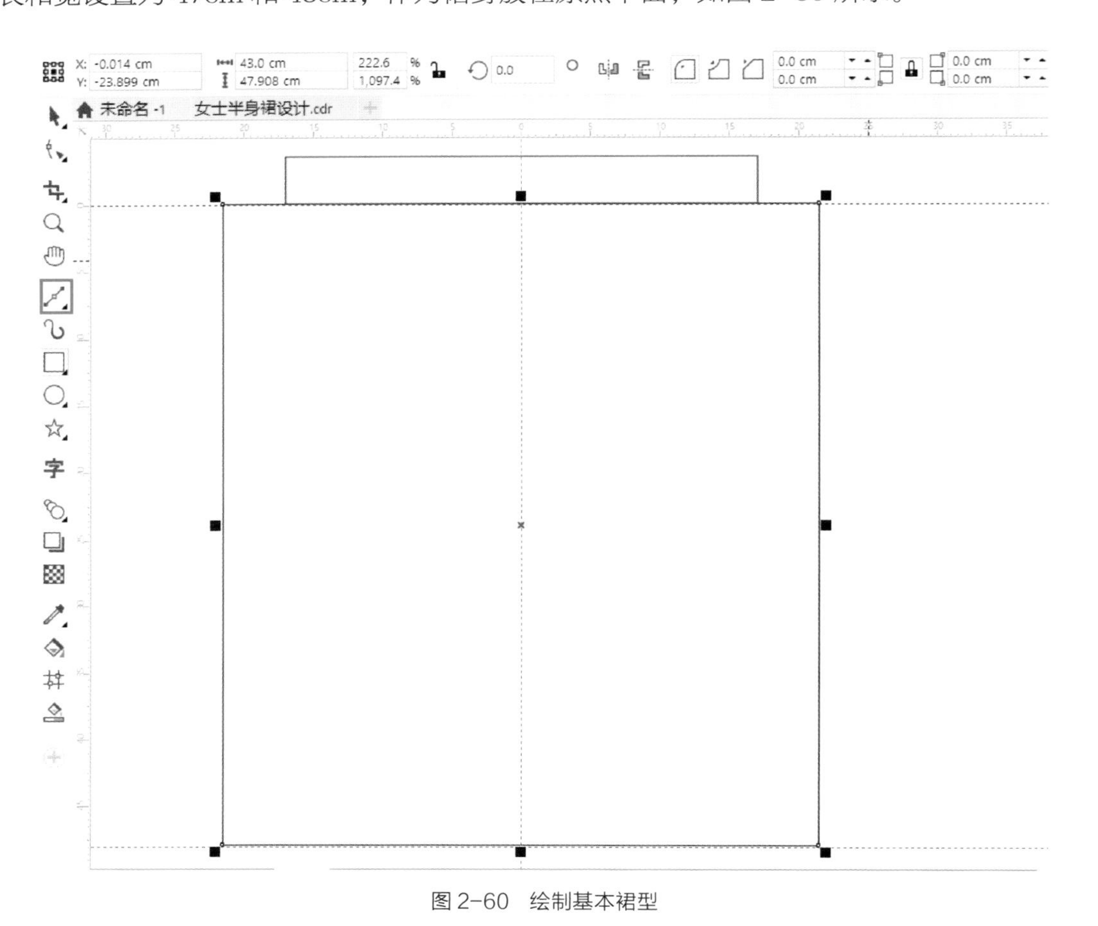

图 2-60　绘制基本裙型

（3）调整基本裙型。选择矩形，在属性栏中点选【转换为曲线】，转换矩形为曲线后使用【形状工具】点选腰头上边线两端的节点向里收缩；点选裙身上边线的两端点处的节点向里收缩直至与腰线重合；点选裙摆线两端的节点向外扩展，如图 2-61 所示。

（4）绘制流苏装饰线。使用【矩形工具】，在属性栏【对象大小】中设置矩形的长和宽分别为 50cm 和 1cm，放在臀围线的下方；在菜单栏【窗口】泊坞窗中选择【造型】–【修剪】，选择该矩形后，点选【修剪】，再点选裙身，结束操作，如图 2-62 所示。选择【矩形工具】，绘制长、宽分别为 0.5cm 和 1cm 的矩形，在【窗口】泊坞窗中选择【变换】，【X】设置为 0.5cm，【副本】设置为 30，点击【应用】，若数量不够，可再次点击【应用】，直到效果合适，结束操作，如图 2-63 所示。

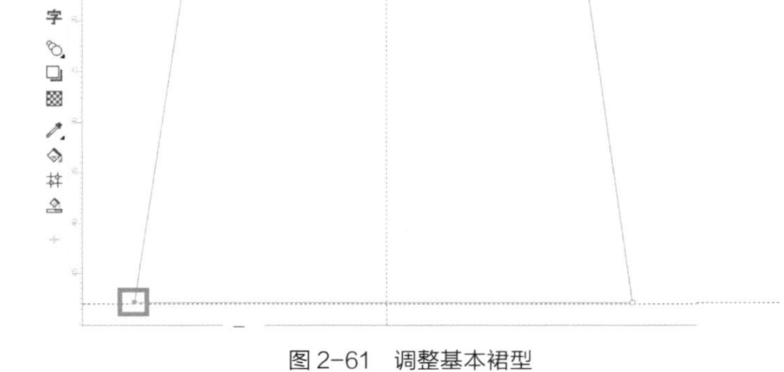

图 2-61　调整基本裙型

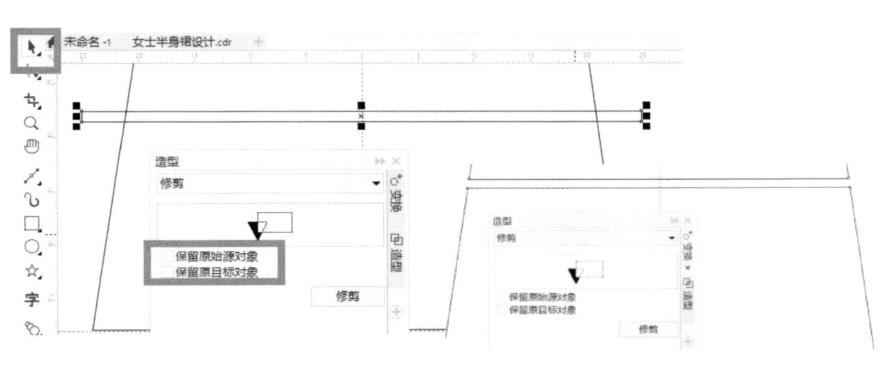

图 2-62　绘制装饰线位置

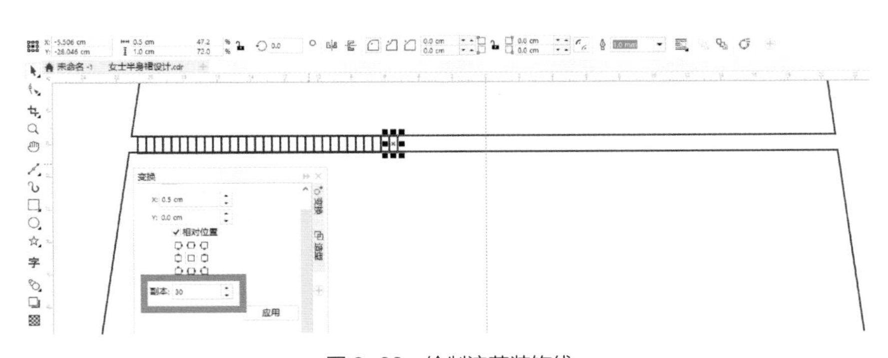

图 2-63　绘制流苏装饰线

（5）口袋、轮廓的宽度及线条样式等细节的处理，可参照本章第二节中“二、箱式褶口袋的设计”。短裙的最终效果如图 2-64 所示。

四、大衣款式设计

大衣款式设计的步骤如下。

（1）创建新文档，并设置页面的原点。

图 2-64　短裙的最终效果

（2）设置辅助线。横向辅助线分别为 0、–14.5cm（肩点）、–34cm（袖笼深）、–41cm（腰线）、–69cm（袖长）、–140cm（衣长）；纵向辅助线分别为 0、–8cm 和 8cm（领口宽）、–24cm 和 24cm（肩宽）、–40cm 和 40cm（袖宽）。辅助线设置如图 2–65 所示。

（3）绘制基本衣身。根据设定的辅助线，使用【形状工具】绘制出基本衣身，再点选腰线处的节点向里收缩，结束操作。选择【矩形工具】绘制矩形，再点击【对象大小】，设置长和宽为 16cm 和 3cm。选择矩形，点选属性栏【转换为曲线】，使用【形状工具】依次点选矩形上边线的两个端点，向内收缩，呈上窄下宽的梯形，结束操作，如图 2–66 所示。

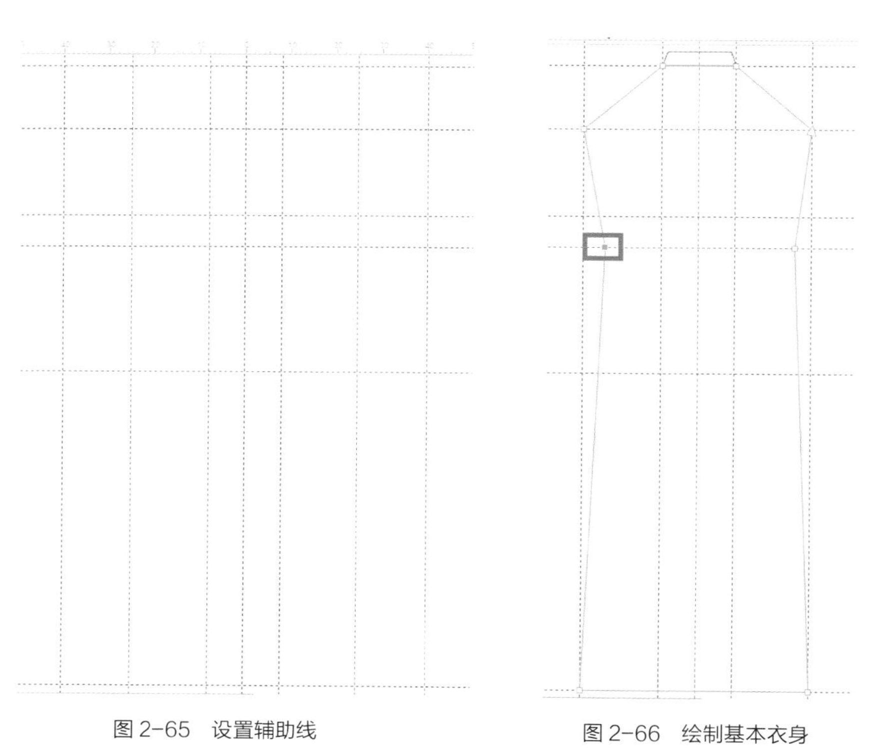

图 2–65　设置辅助线　　图 2–66　绘制基本衣身

（4）调节衣身的形状。使用【形状工具】，选择线条，点选属性栏【转换为曲线】，在线条上双击左键，以增加节点，点选节点出现手柄，按住左键拖动手柄调节线条的形状，如图 2–67 所示。

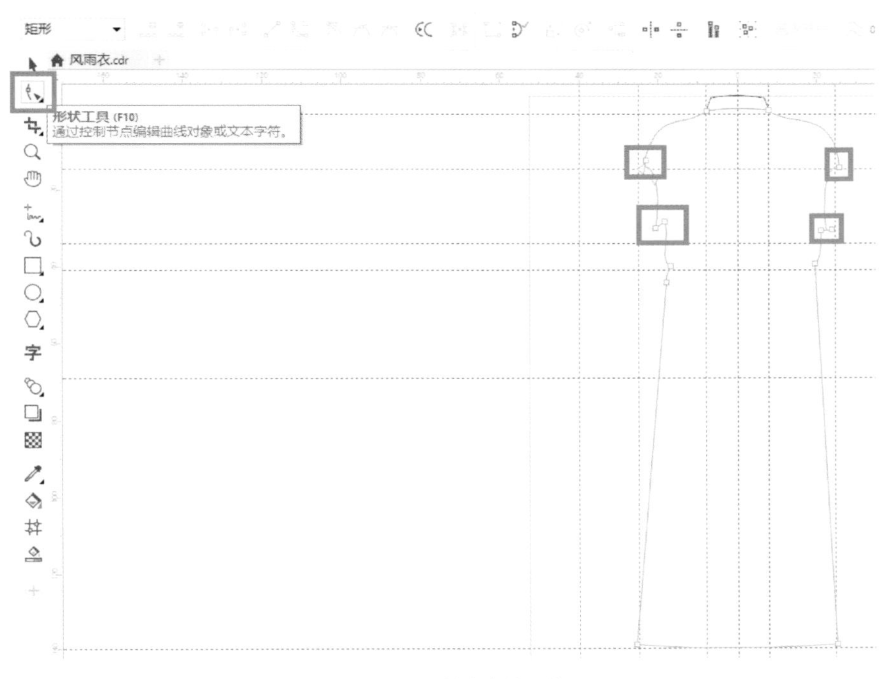

图 2–67　调节衣身的形状

（5）绘制领型。

①使用【手绘工具】画出基本领型，接着使用【形状工具】选择领线，点选属性栏【转换为曲线】，选择节点后，出现手柄，按住左键拖动手柄调节，呈图 2–68（a）所示的领型后，再复制一个衣领，选择属性栏【水平镜像】，翻转领子结束操作，如图 2–68（b）所示。

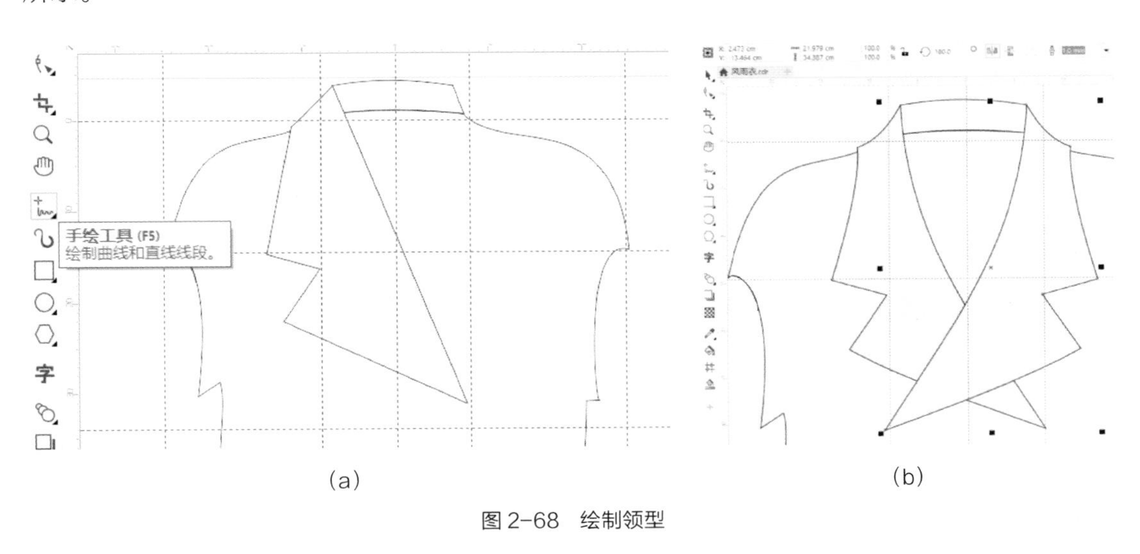

（a）　（b）

图 2–68　绘制领型

②选择右边衣领，使用【形状工具】，在衣领的交叠处双击左键增加两个节点，依

次选择这两个节点，点击左键点选属性栏【尖突节点】，接着删除领尖处的节点，在该节点双击左键。左键点选这条直线，再点选属性栏【转换为线条】，结束操作。选择工具箱【贝赛尔线】，绘制出衣身上的分割线，结束操作，如图 2–69 所示。

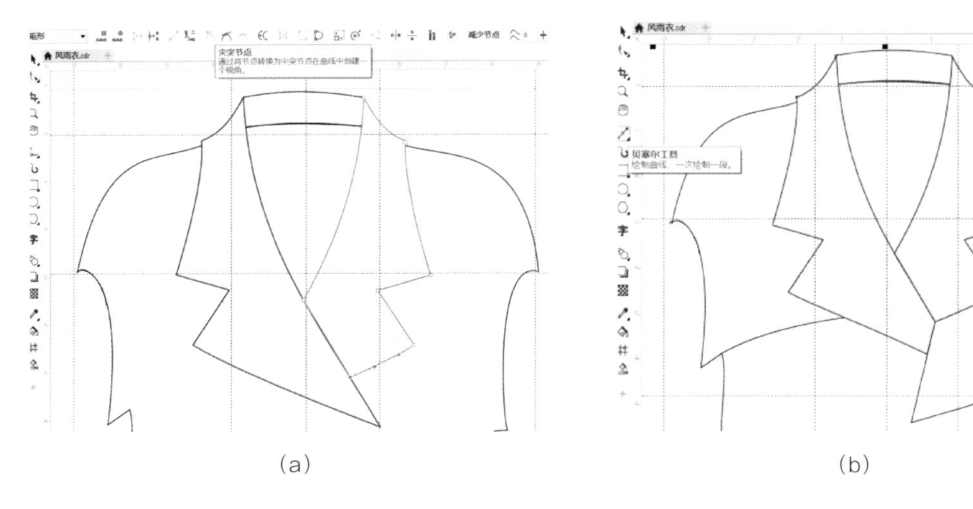

图 2–69　绘制异形领型

（6）绘制袖子。使用【手绘工具】，且根据设定好的辅助线，绘制出基本袖型，结束操作，如图 2–70（a）所示。使用【形状工具】，选择线条，点选属性栏【转换为曲线】，左键双击线条，增加节点，点选节点后，出现手柄，按住左键拖动手柄调节线条的形状，如图 2–70（b）所示。

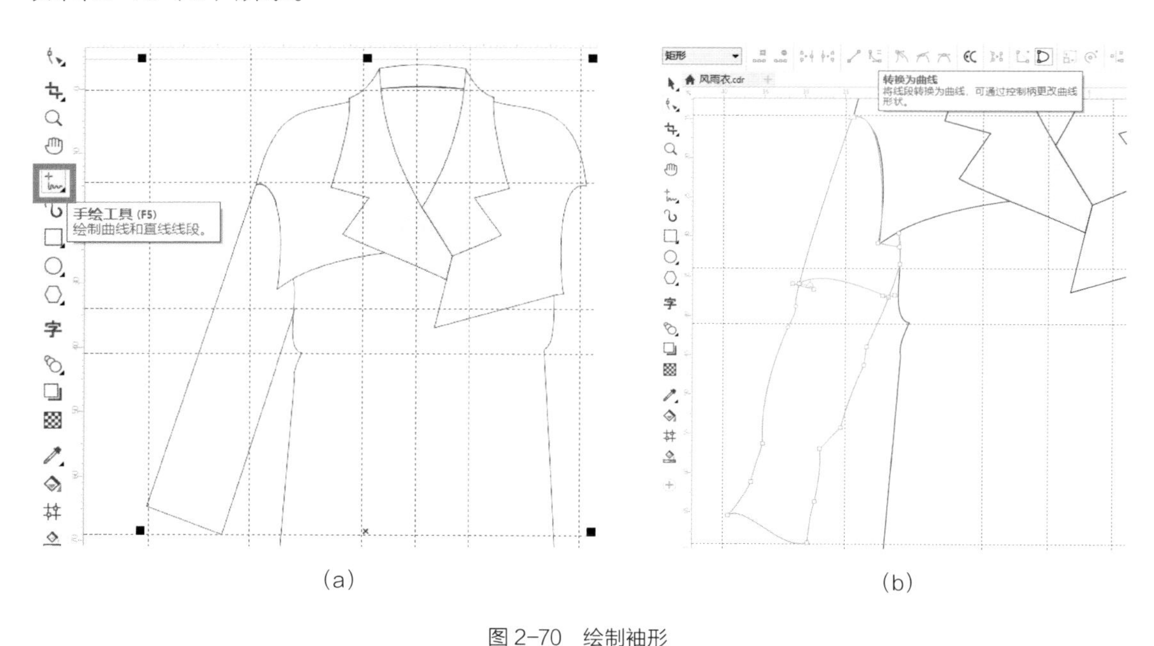

图 2–70　绘制袖形

（7）腰带的绘制。使用【矩形工具】画出窄长的矩形，选择属性栏【转换为曲线】，再使用【形状工具】，框选矩形，点击左键选择属性栏【转换为曲线】，将直线转换为曲线，通过左键拖动手柄调节矩形的形状，如图 2–71 所示。

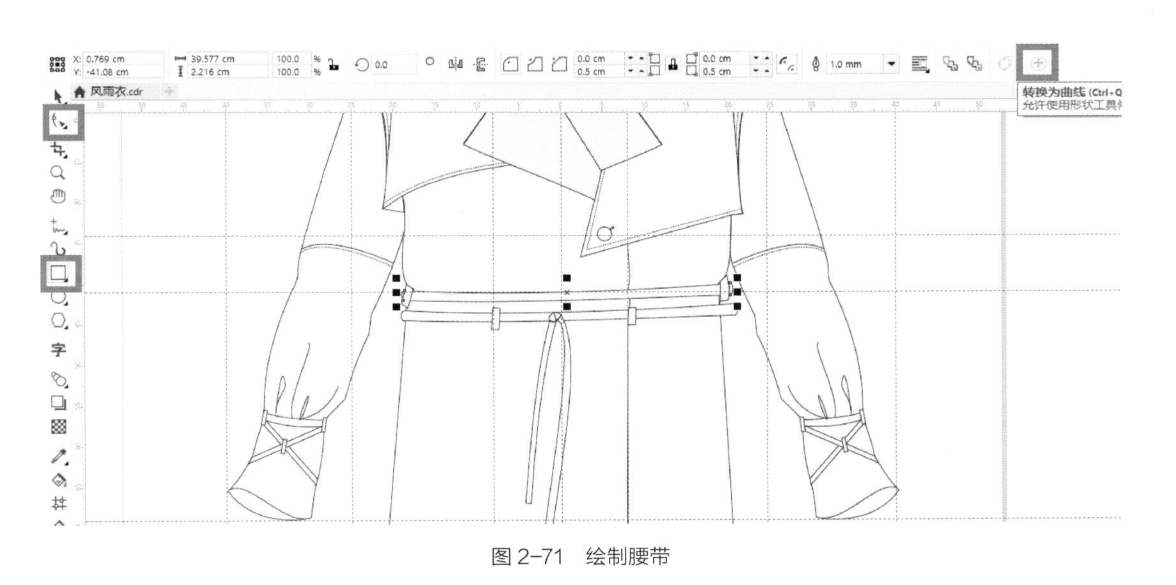

图 2-71　绘制腰带

（8）细节的绘制及最终的效果。细节的绘制参考本章第二节服装部位和局部设计。大衣的最终效果如图 2-72 所示。

图 2-72　大衣的最终效果

思考与练习

1. 在绘制服装款式图时，主要用到 CorelDRAW 2017 中的哪些工具和命令？

2. 设计五个不同造型的衣领。

3. 设计五款不同造型的口袋。

4. 设计并绘制一款毛衣。

第三章
服装面料的设计及案例

章节导读

- 蕾丝面料设计
- 格子面料设计
- 条纹面料设计
- 千鸟格面料设计
- 波点绗缝面料设计

第一节　蕾丝面料设计

蕾丝面料设计步骤如下。

（1）创建新文档。在弹出的对话框中将【大小】选为 A4，【单位】设置为厘米，横幅。【原色模式】设置为 CMYK，【渲染分辨率】设置为 300dpi，点击【确定】新建文档。（本章及后续章创建新文档均依此操作。）

（2）设置页面颜色并将创建对象时默认的颜色更改为白色。选择菜单栏【布局】下拉菜单中的【页面背景】，在弹出的对话框中左键点选【纯色】，在下拉菜单设置【CMYK】C:58、M:13、Y:31、K:0 结束操作，如图 3-1 所示。鼠标右键单击【调色盘】中的白色，如图 3-2 所示，在弹出的对话框中，左键点选【图形】，点击【确定】，如图 3-3 所示。

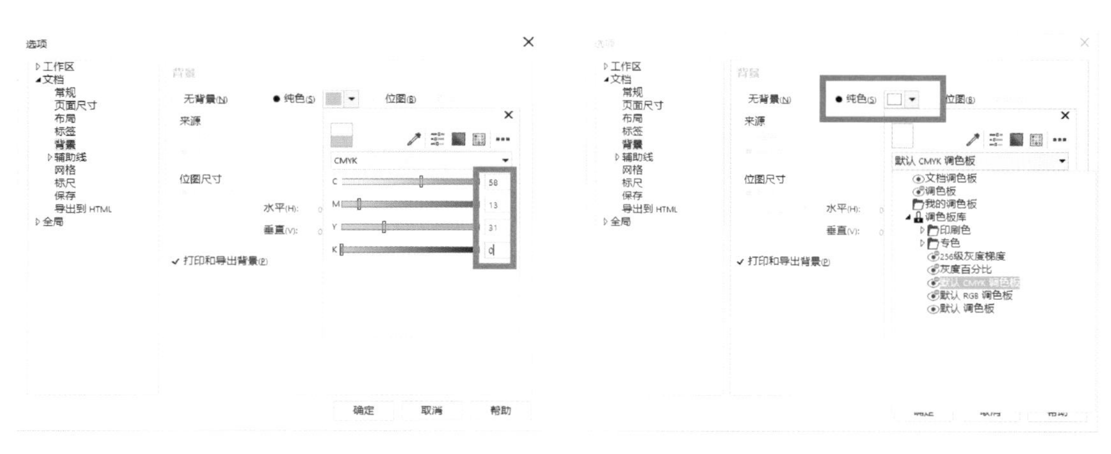

图 3–1　设置 CMYK　　　　图 3–2　选择白色

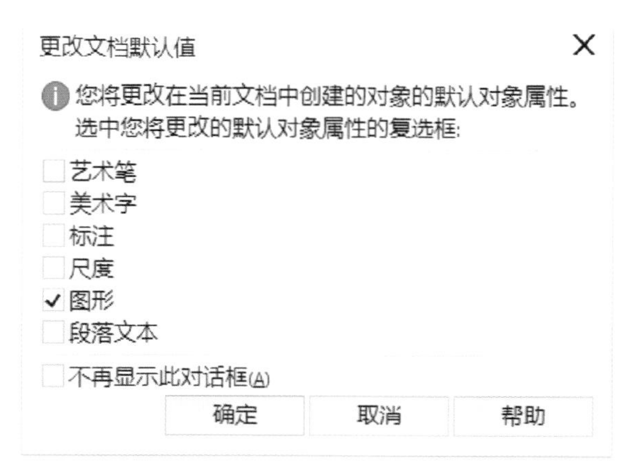

图 3–3　更改文档默认值

（3）绘制面料基本形状。

①基面的形状。选择工具箱【椭圆工具】，按住【Ctrl】键，同时按住鼠标左键，向外拖动画出一个正圆形。

②选择菜单栏【泊坞窗】–【造型】–【变换】–【位置】，设置【X】为 1.8cm，设置【Y】为 0cm，设置【副本】为 10，点击【应用】。点击鼠标左键框选全部圆形，如图 3–4 所示，单击右键选择【组合对象】，结束操作。

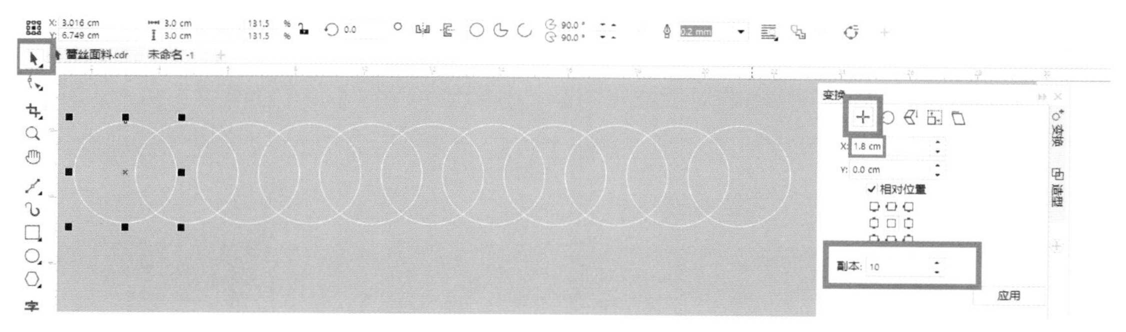

图 3–4　绘制圆形副本

③使用【矩形工具】绘制矩形与圆形交叠。左键选择矩形，选择菜单栏【泊坞窗】–

【造型】–【焊接】，如图 3–5 所示，接着点选圆形。

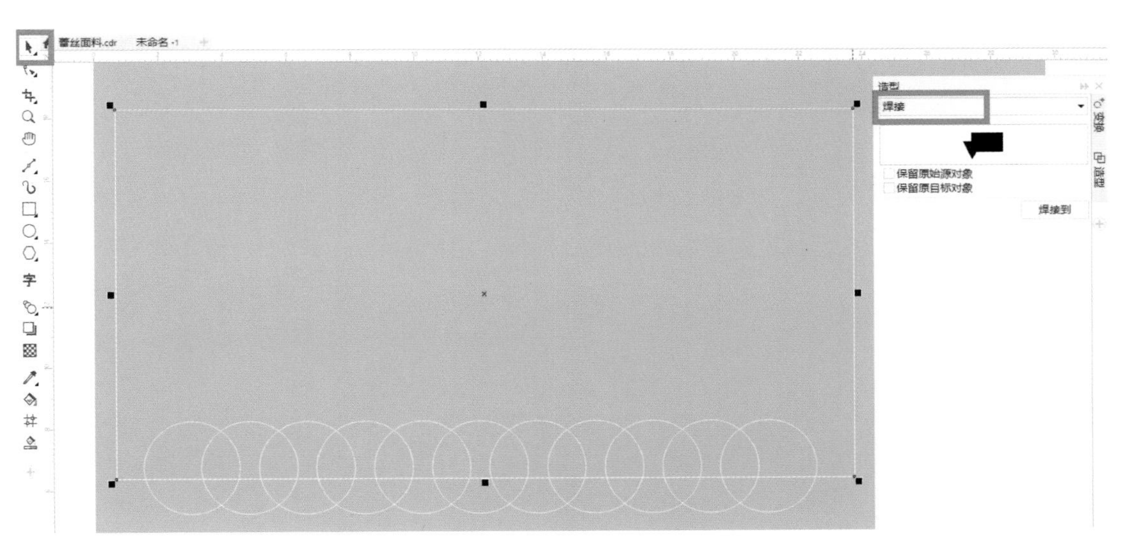

图 3–5　绘制矩形与圆形交叠

④修剪面料的基本型。选择【矩形工具】绘制矩形，放在面料图形的两侧，选择菜单栏【泊坞窗】–【造型】–【修剪】，接着点选面料基本型，绘制出面料的基本型，结束操作，如图 3–6 所示。

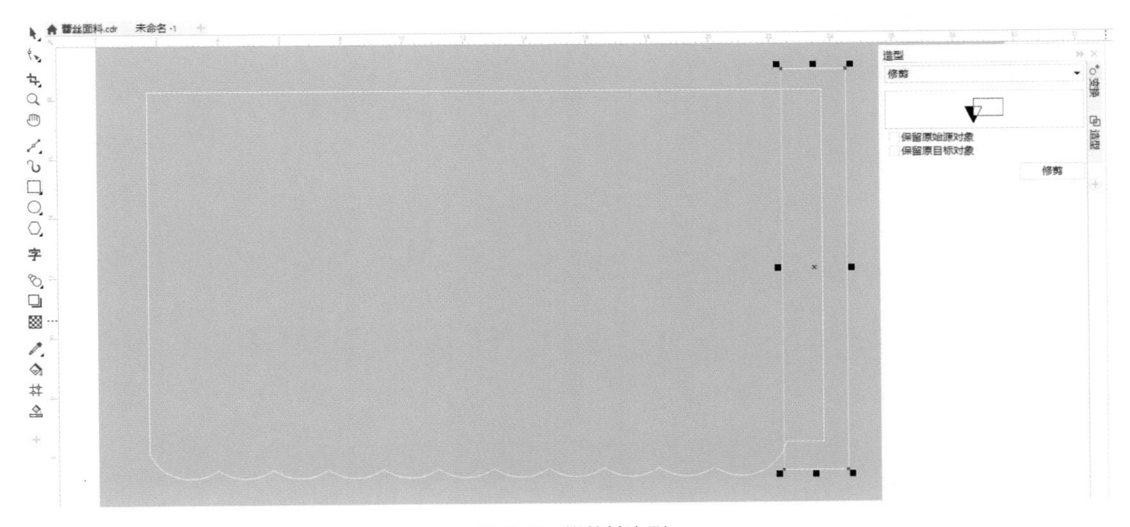

图 3–6　修剪基本型

⑤制作曲线底边。使用【形状工具】选择图形，点击底边曲线最外侧的两个节点，如图 3–7 所示。选择属性栏【断开曲线】。使用【挑选工具】选择图形，点选属性栏【打散】，如图 3–8 所示。左键单击空白处，选择底边曲线，如图 3–9 所示。

（4）绘制面料底纹元素。选择【手绘工具】，同时按住【Ctrl】键绘制直线，选择工具箱【变形工具】，设置【拉链振幅】为 25，设【拉链频率】为 35，并点选【平滑变形】，结束操作，如图 3–10 所示。

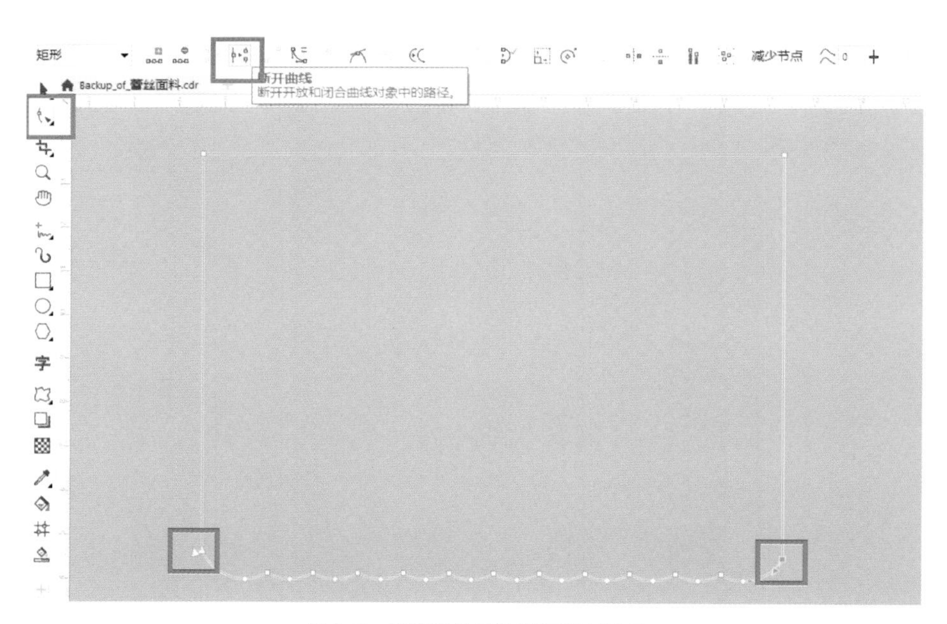

图 3-7　选择曲线最外侧的两个节点

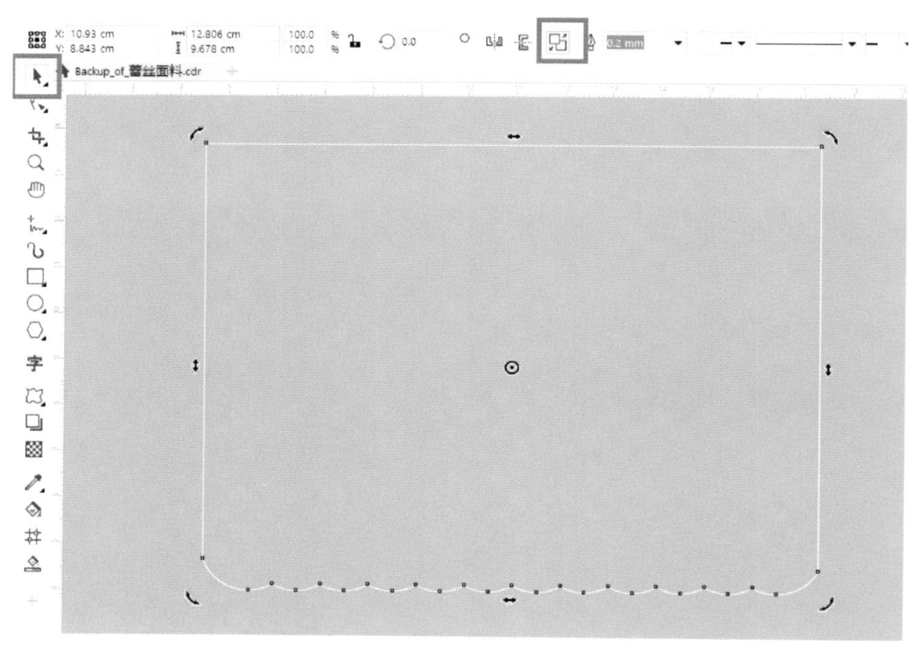

图 3-8　打散曲线

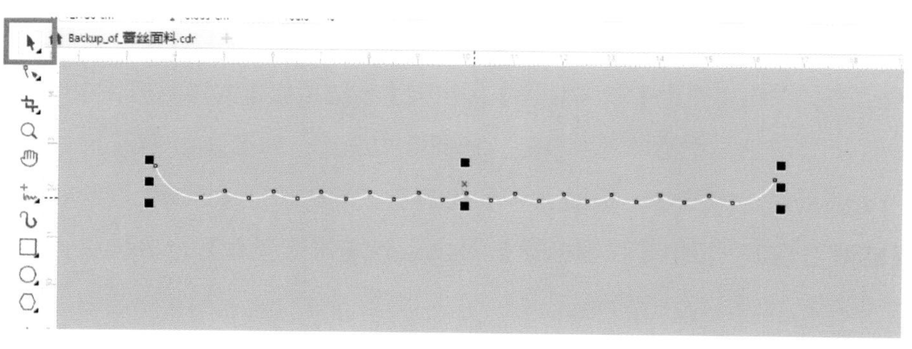

图 3-9　选择底边曲线

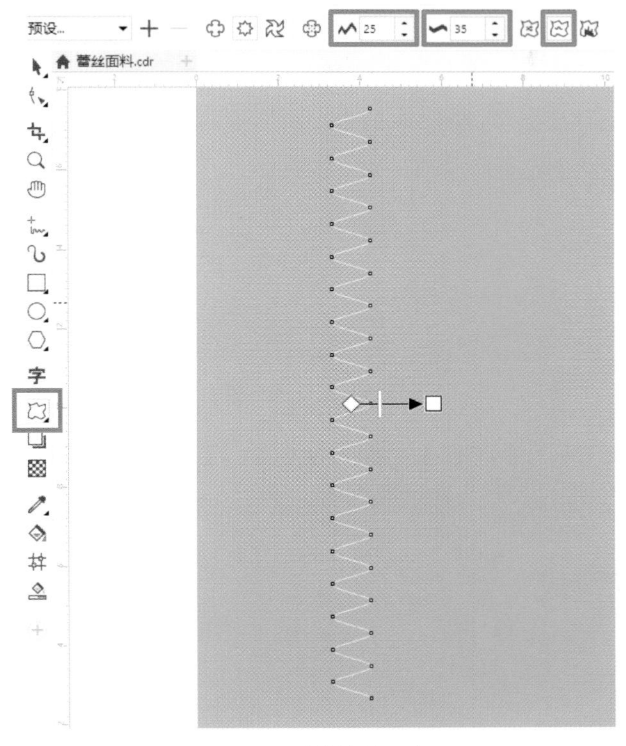

图 3-10　绘制底纹元素

（5）绘制面料底纹。

①将第（4）步绘制出的曲线复制多个，点击【组合对象】，将对象组合。

②选择【对象】–【PowerClip】–【置于图文框内部】，鼠标箭头变黑变粗，左键点选之前绘制好的图形，结束操作，如图 3-11 所示。

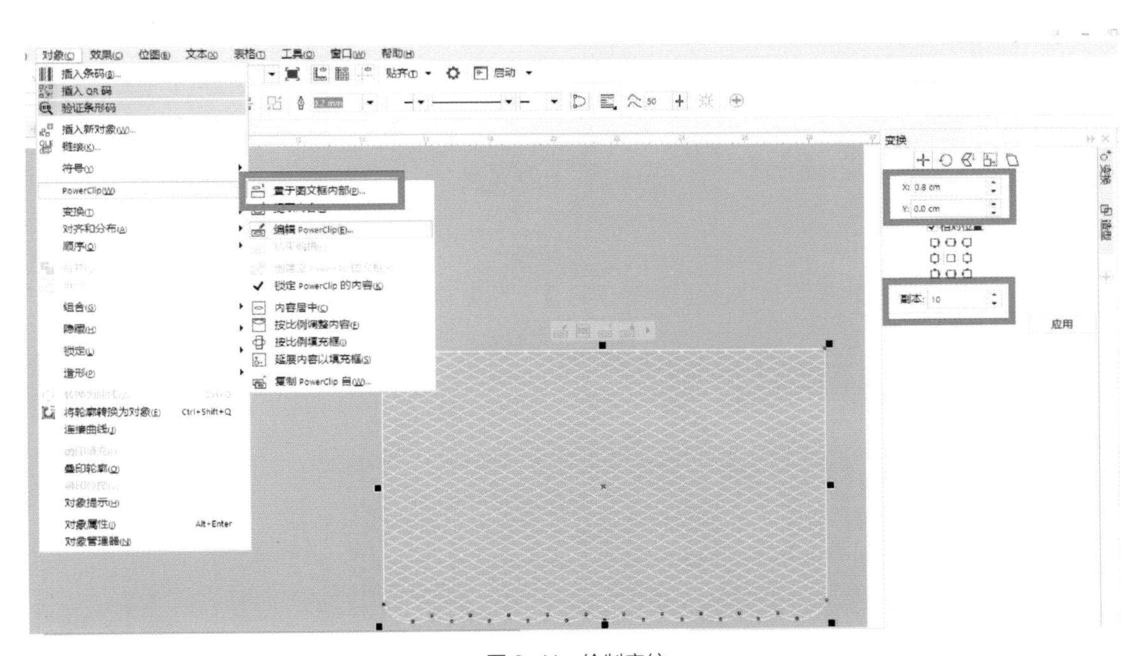

图 3-11　绘制底纹

（6）绘制花边。选择工具箱【椭圆工具】绘制椭圆，使用【泊坞窗】–【变换】–【位

置】【X】值设为 0.1cm，【Y】值设为 0cm，【副本】设为 1，多次点击【应用】。左键框选全部椭圆，点击右键选择【组合对象】，结束操作，如图 3–12 所示。

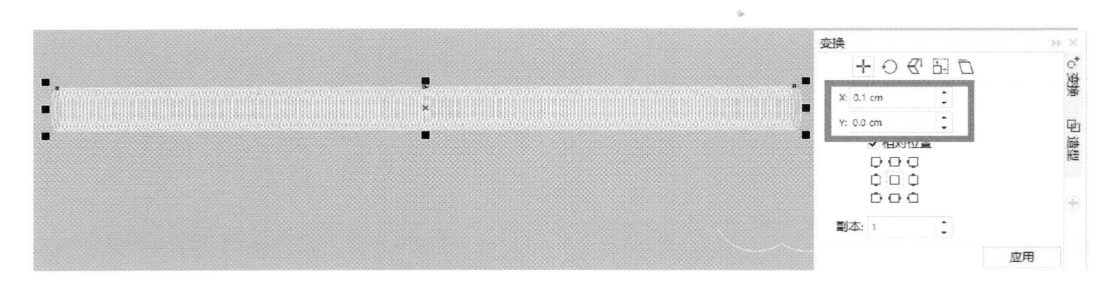

图 3–12　绘制花边

（7）选择花边。使用【对象】–【PowerClip】–【置于图文框内部】，鼠标箭头变黑变粗，左键点选面料底纹，结束操作，如图 3–13 所示。

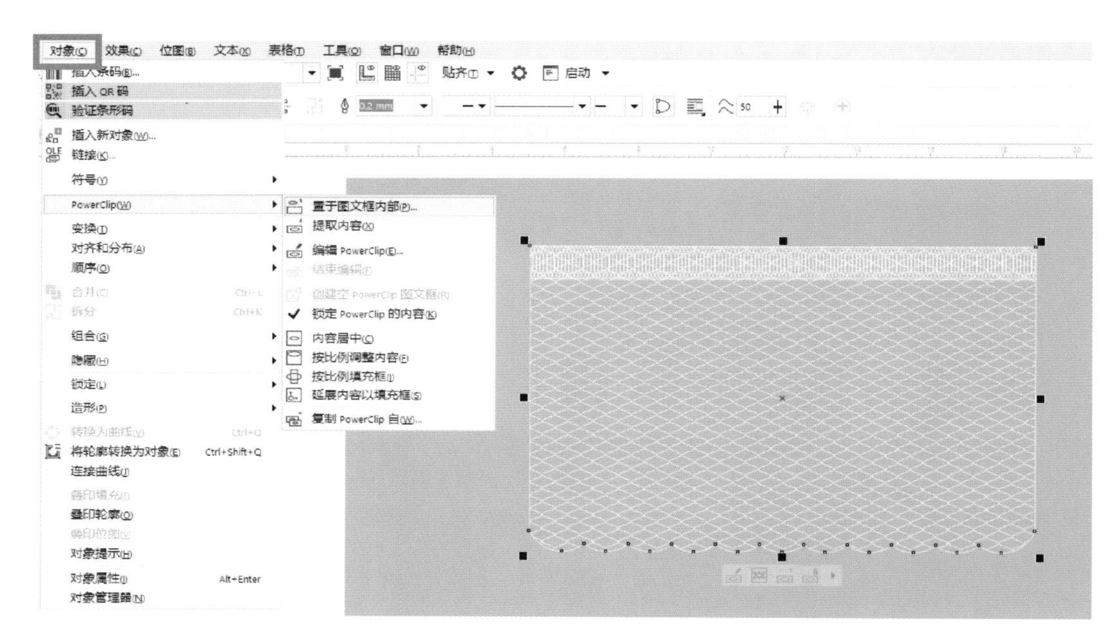

图 3–13　选择花边

（8）绘制织带花边。

①使用工具箱【椭圆工具】和【手绘工具】，绘制椭圆和直线，并点击【组合对象】，再复制一个。

②使用【交互式调和工具】，做出如图 3–14 所示样式。

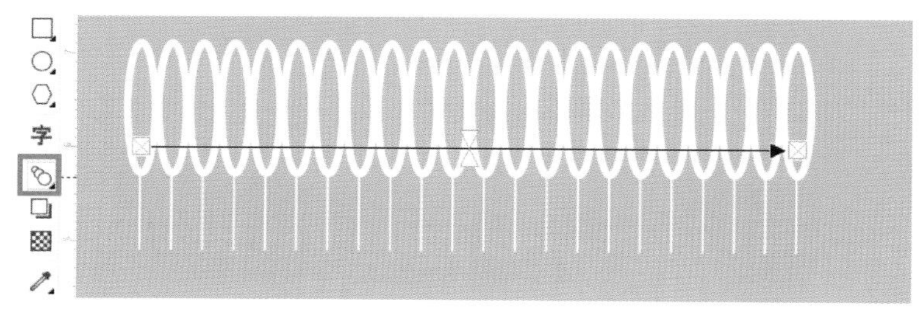

图 3–14　花边元素

③选择属性栏【新路径】，当箭头出现后，点击曲线，如图 3–15 所示。

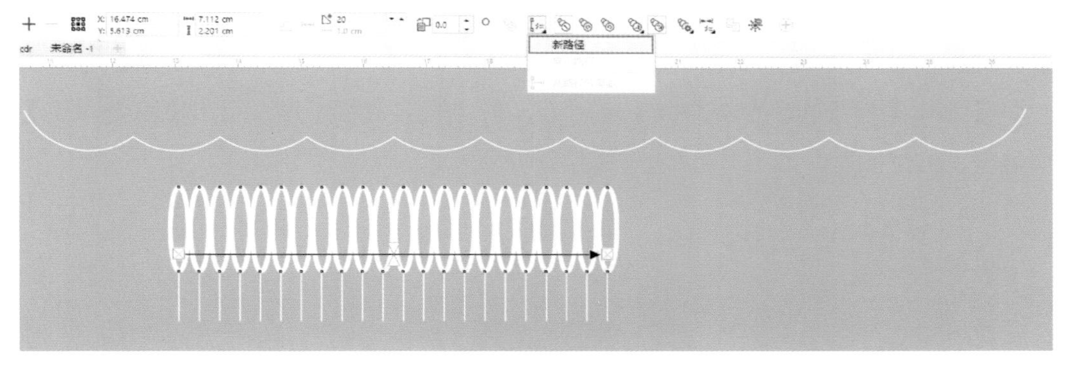

图 3–15　设置路径

④选择属性栏【沿全路径调和】，如图 3–16 所示。

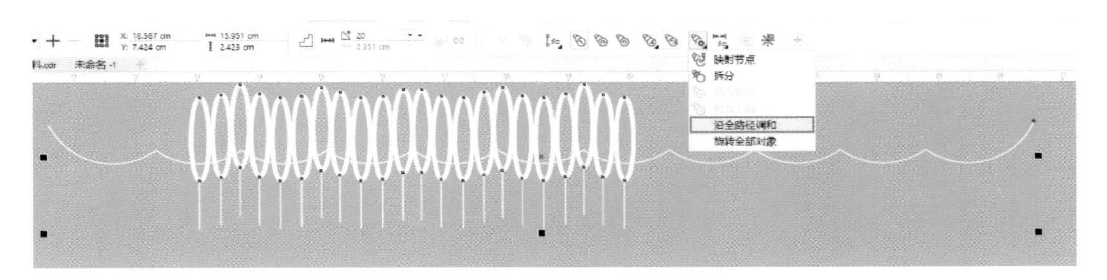

图 3–16　所跟随路径

⑤设置【调和对象】为 140，放在面料图形下方，效果如图 3–17 所示。

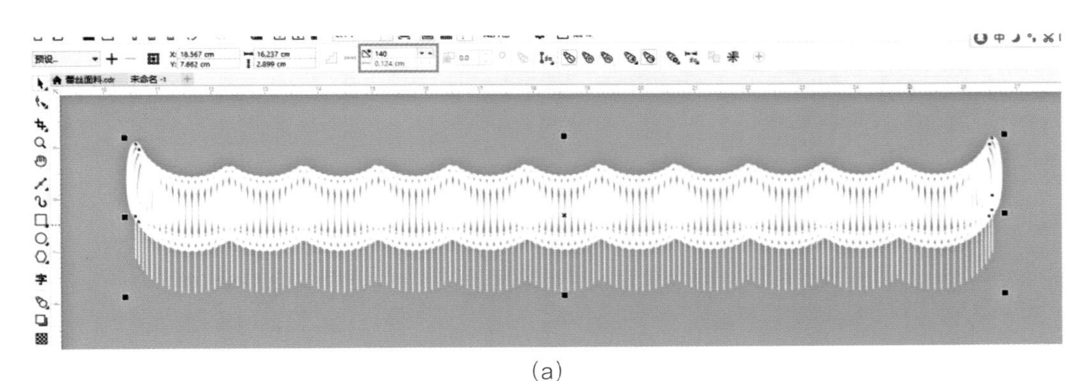

(a)

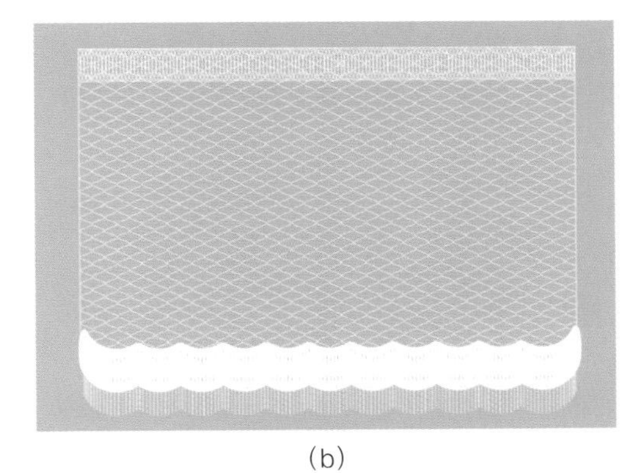

(b)

图 3–17　花边效果

（9）绘制图案纹样。

①使用工具箱【椭圆工具】并按住【Ctrl】键，绘制正圆形。

②使用菜单栏【窗口】–【泊坞窗】–【变换】–【旋转】，设置【旋转角度】为30°，【副本】设为 1，点击 6 次【应用】，左键框选全部圆形，点击【组合对象】将圆形组合，结束操作，如图 3–18 所示。

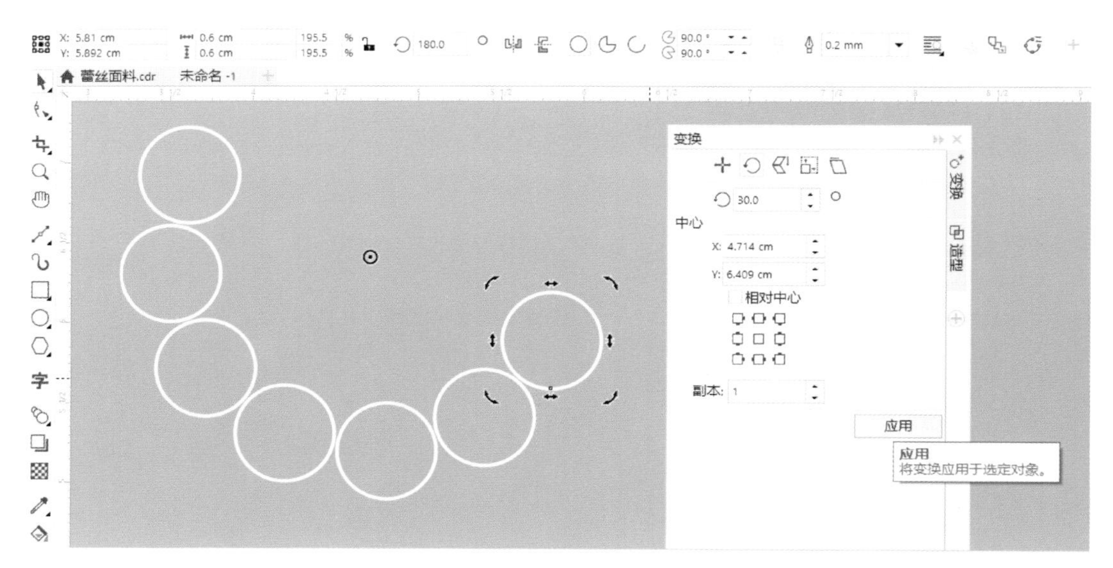

图 3–18　组合圆形

③使用工具箱【椭圆工具】绘制椭圆，与小圆形部分相交，如图 3–19 所示。再选择【造型】–【修剪】，点选小圆形进行修剪，如图 3–20 所示。

④使用工具箱【椭圆工具】绘制椭圆，设置【轮廓宽度】为 0.75mm，如图 3–21 所示。

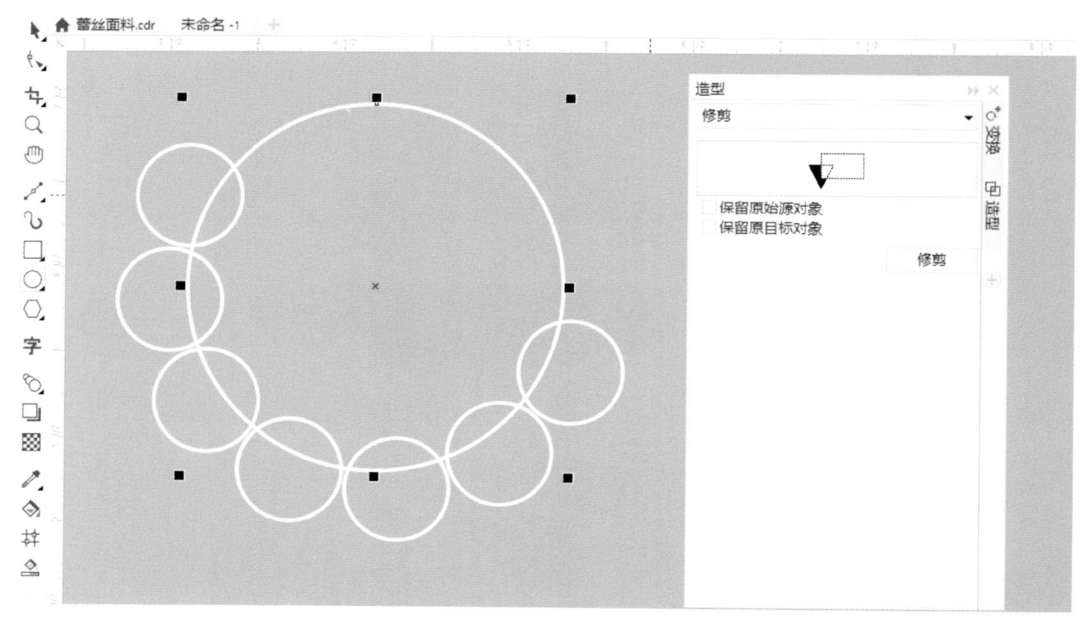

图 3–19　大圆形与小圆形部分相交

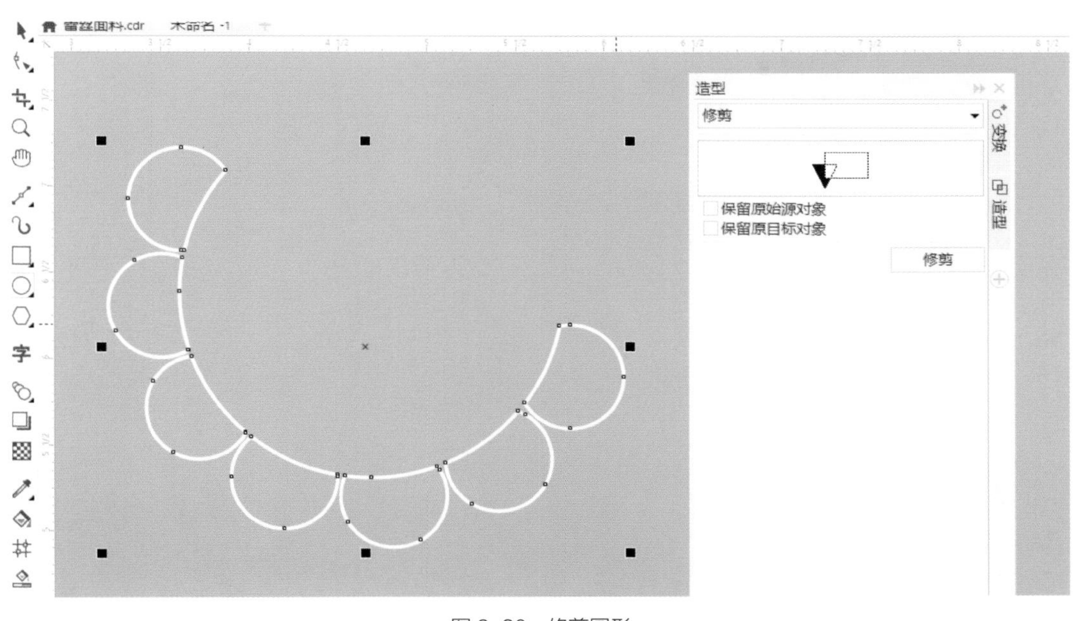

图 3-20　修剪圆形

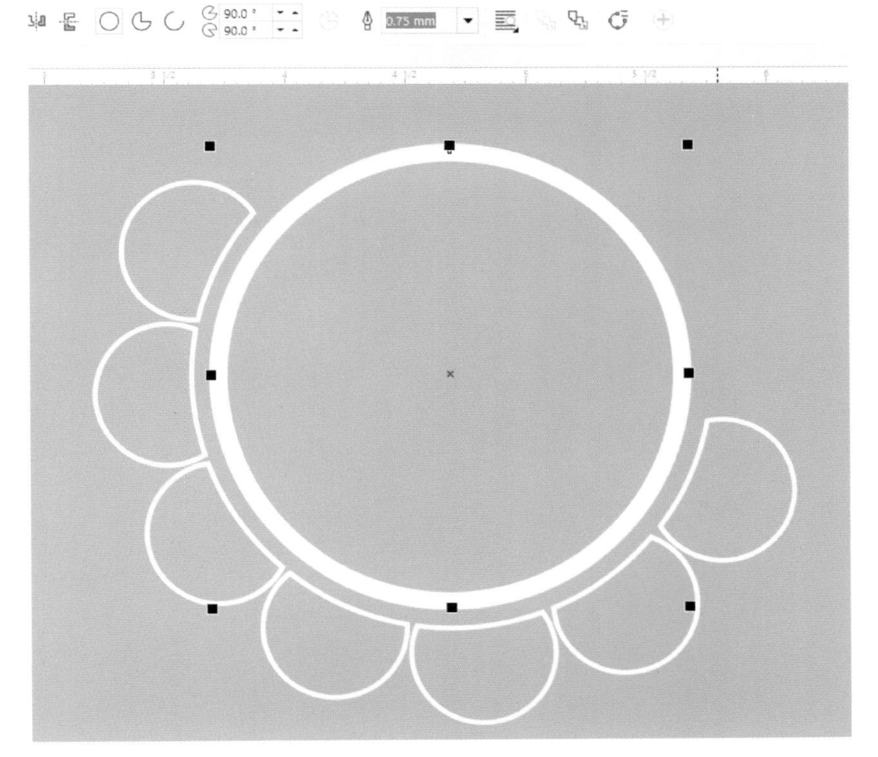

图 3-21　绘制椭圆

⑤使用工具箱【椭圆工具】绘制圆形并放在图形中心处。再次绘制小椭圆，并使用【调和工具】，选择【新路径】点选之前绘制的圆形，设置【调和对象】为 60，效果如图 3-22 所示。

⑥使用【椭圆工具】绘制椭圆，使用【变换】–【旋转】，设置【旋转角度】为 30°，多次点击【应用】，呈现花朵状即可，如图 3-23 所示。

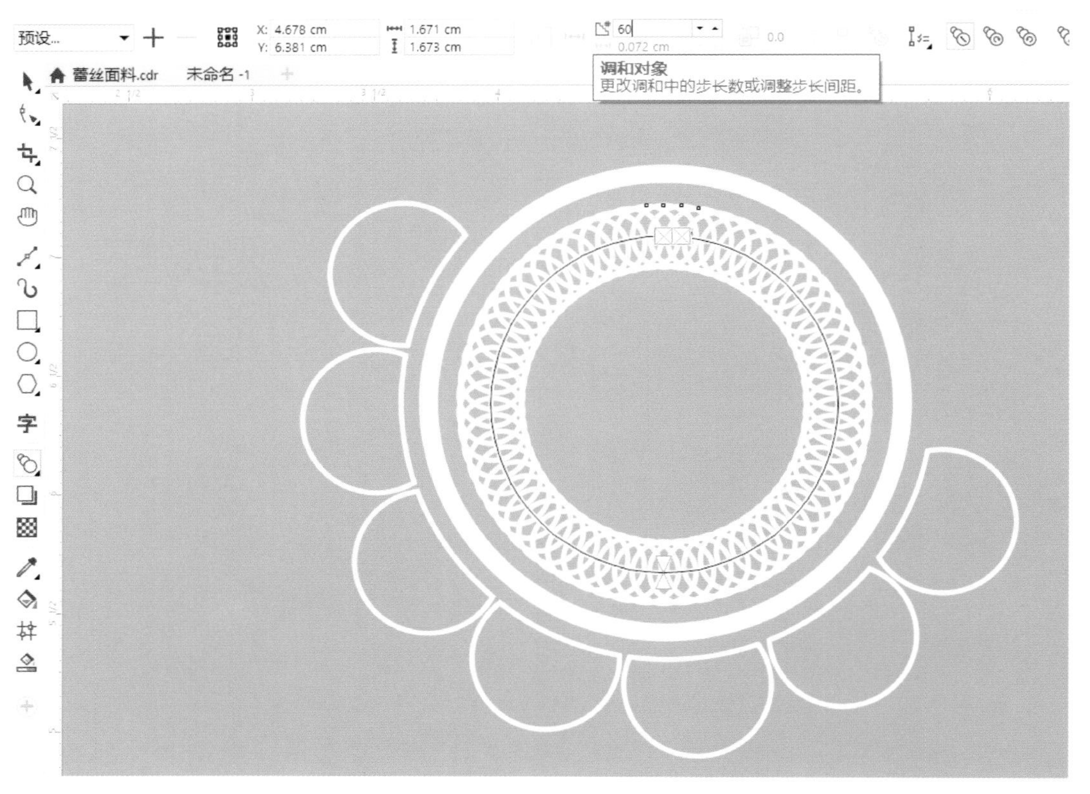

图 3-22　绘制花纹

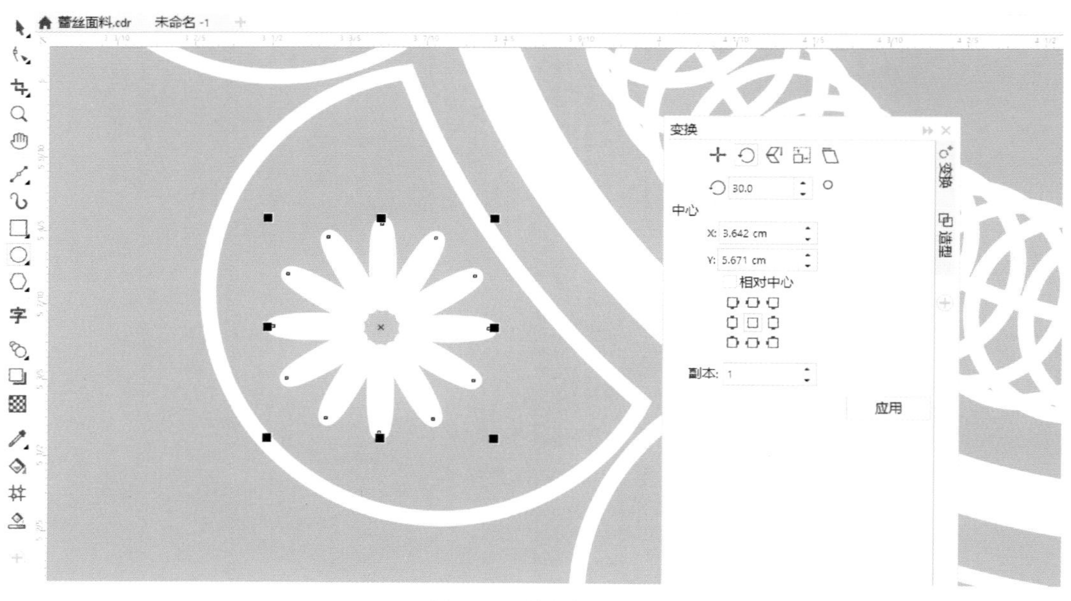

图 3-23　绘制花朵状

⑦复制几个花朵图形，左键框选全部图形，单击右键旋转【组合对象】，如图 3-24 所示。

⑧使用【变换】–【旋转】，设置【旋转角度】为 45°，多次点击【应用】，如图 3-25 所示。

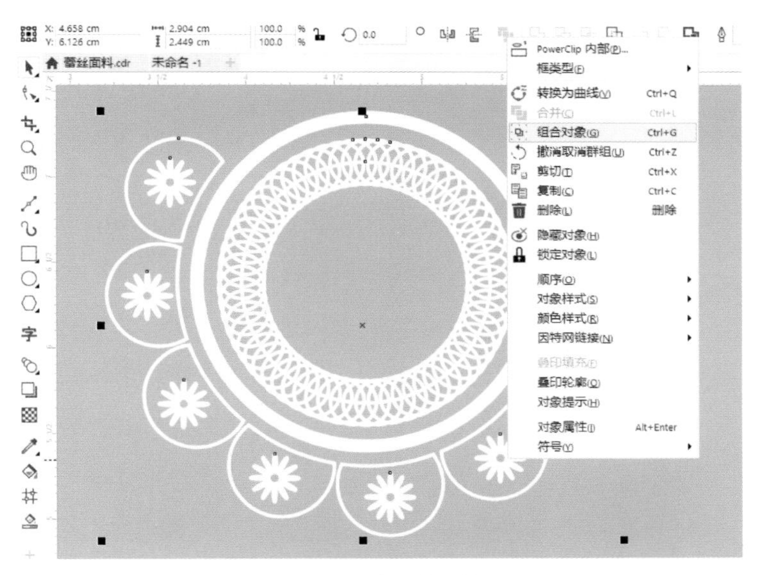

图 3-24　复制花朵状

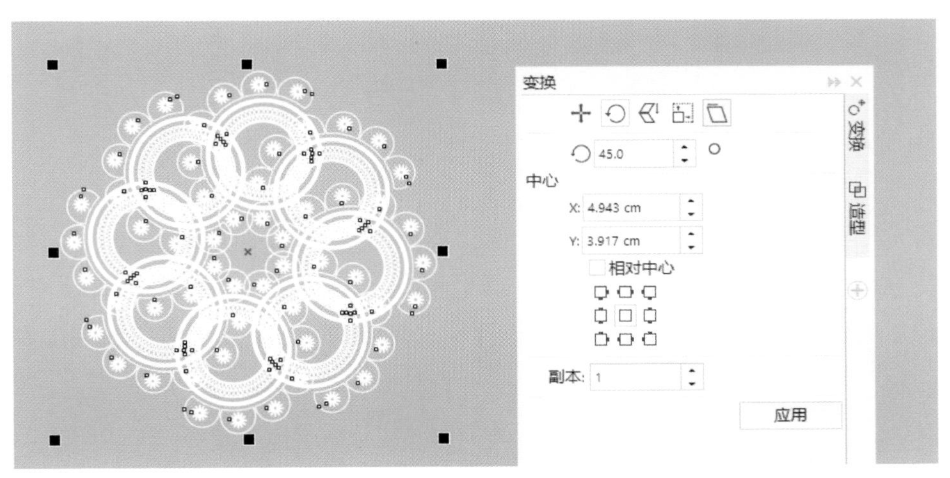

图 3-25　复制花纹

（10）将纹样放至布料底纹上，最终效果如图 3-26 所示。

图 3-26　最终效果

小贴士

断开曲线

【断开曲线】功能可以将曲线上的一个节点在原来的位置分离为两个节点，从而断开曲线，使图形转变为不封闭状态；此外，还可以将多个节点组成的曲线分离成多条独立的线段。

需要断开曲线时，使用【形状工具】选取曲线对象，并且单击需要断开路径的位置。如果选择多个节点，可在几个不同的位置断开路径，然后单击属性栏的【断开曲线】按钮。在每个断开的位置上会出现两个重叠的节点，移动其中一个节点，可以看到原节点已经分割为两个独立的节点。

第二节　格子面料设计

格子面料设计步骤如下。

（1）创建新文档。

（2）绘制面料底面。选择工具箱中的【矩形工具】绘制矩形，在属性栏【对象大小】中设置矩形的长和宽均为 12cm。左键选择【调色板】白色，填充矩形，结束操作，如图 3-27 所示。

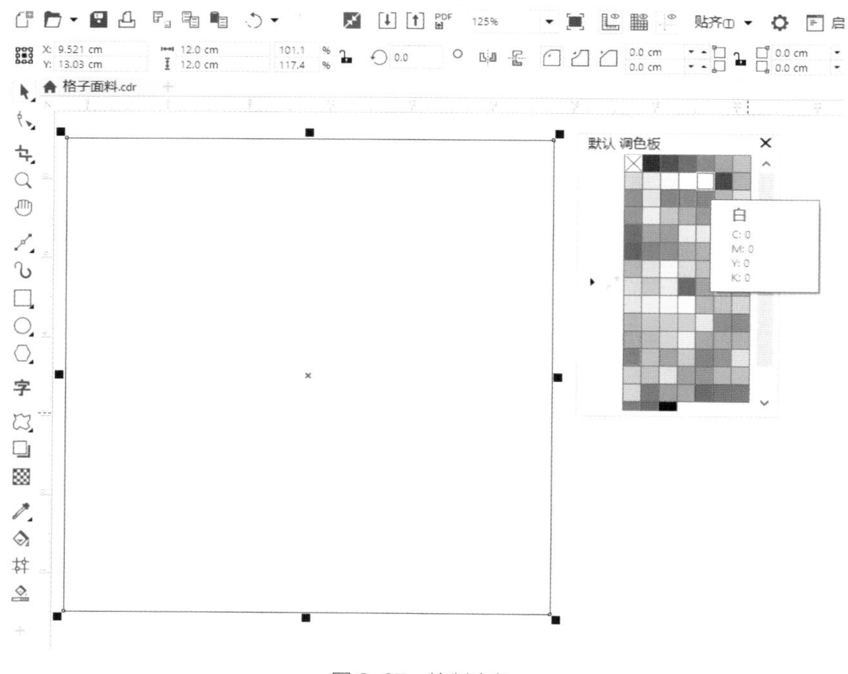

图 3-27　绘制底色

（3）绘制条纹。

①选择【工具箱】–【矩形工具】，绘制矩形，在属性栏【对象大小】设置矩形的长和宽分别为15cm和0.4cm，填充颜色为C:20、M:44、Y:40、K:0，右键单击【调色盘】中的【×】形图标，去除轮廓颜色，结束操作，如图3–28所示。

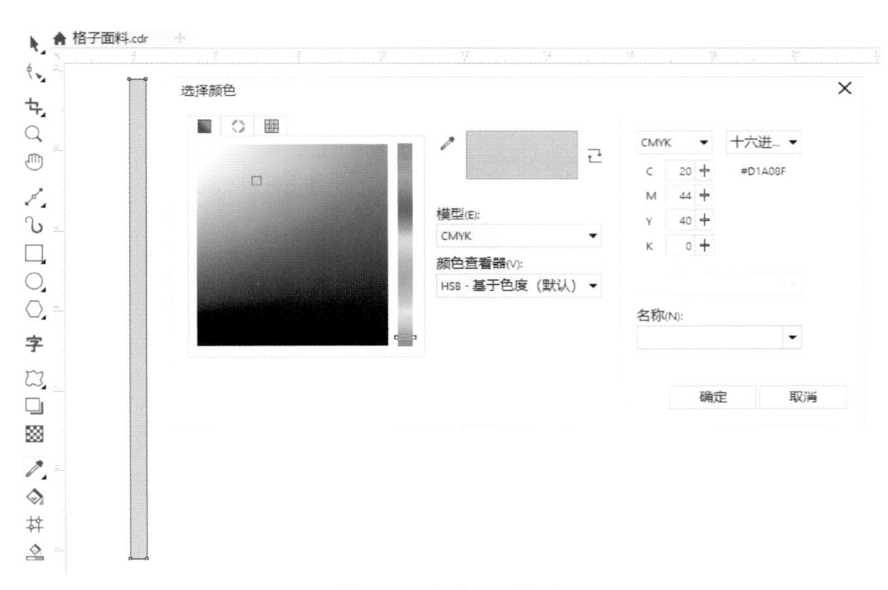

图3–28　绘制单个条纹

②点击【挑选工具】选择绘制好的线条，再选择菜单栏【泊坞窗】–【变换】–【位置】，设置【X】为1.0cm，设置【Y】为0cm，设置【副本】为15，点击【应用】，结束操作，如图3–29所示。

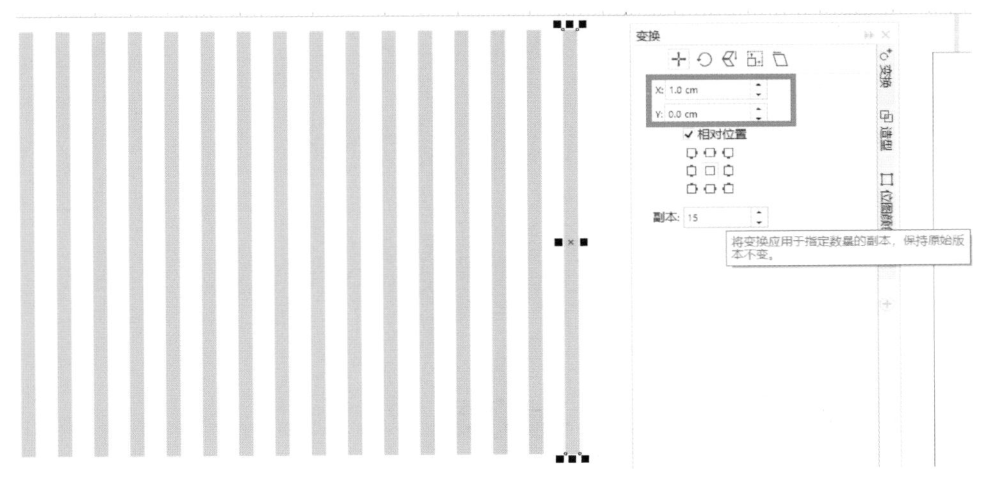

图3–29　复制竖条纹

③选择一条绘制好的线条，设置【旋转角度】为90°，点击【变换】–【位置】，设置【X】为0cm，设置【Y】为–1.0cm，设置【副本】为11，点击【应用】，结束操作，如图3–30所示。点击鼠标左键框选全部条纹，单击右键，在弹出的对话框中选择【组合对象】，结束操作，如图3–31所示。

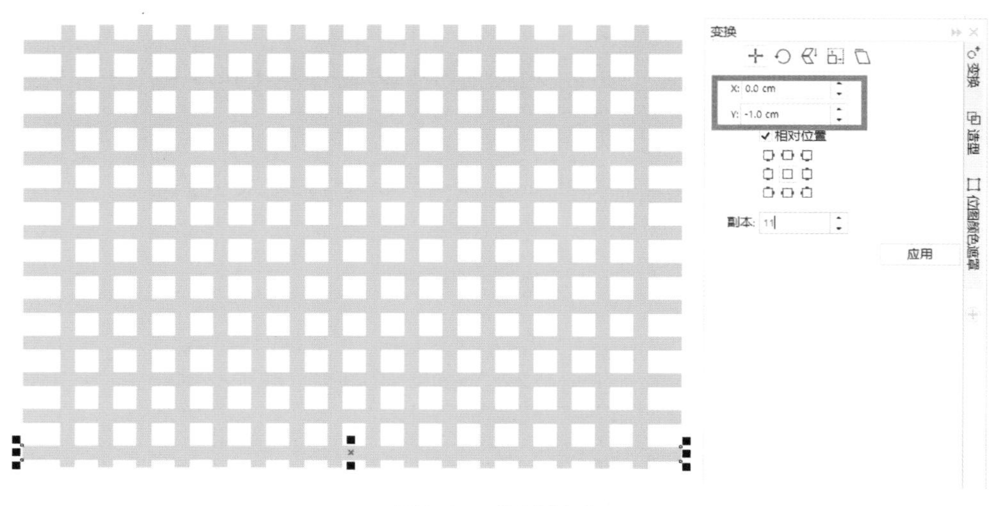

图 3-30　绘制横条纹

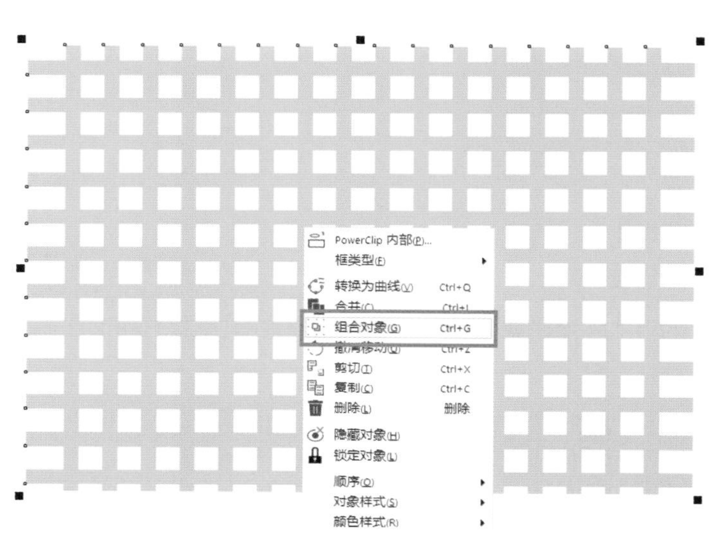

图 3-31　组合对象

（4）绘制格子内纹。选择工具箱【矩形工具】，设置【对象大小】为 0.4cm 和 0.4cm，填充颜色的参数为 C:49、M:100、Y:100、K:30，右键单击【调色盘】右上方【×】形图标，消除轮廓线颜色，结束操作，如图 3-32 所示。

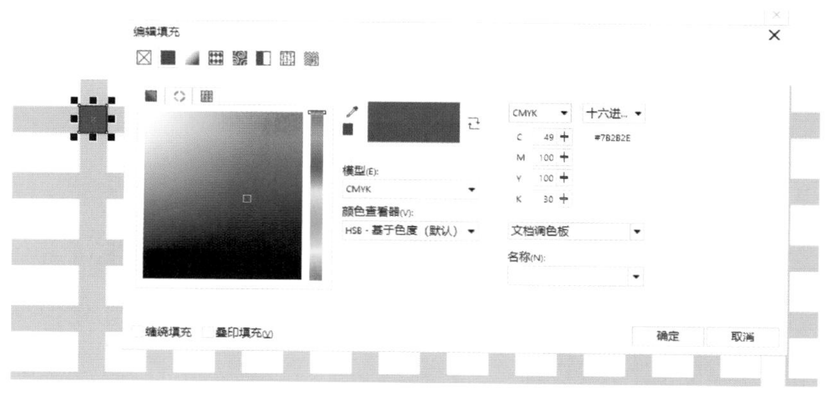

图 3-32　格子内纹

（5）复制格子内纹。选择菜单栏【泊坞窗】–【变换】–【位置】，设置【X】为1.0cm，设置【Y】为0cm，设置【副本】为15，左键点击【应用】，重复几次，结束操作，如图3–33所示。左键框选全部内容，单击右键，在弹出的对话框中选择【组合对象】，结束操作。

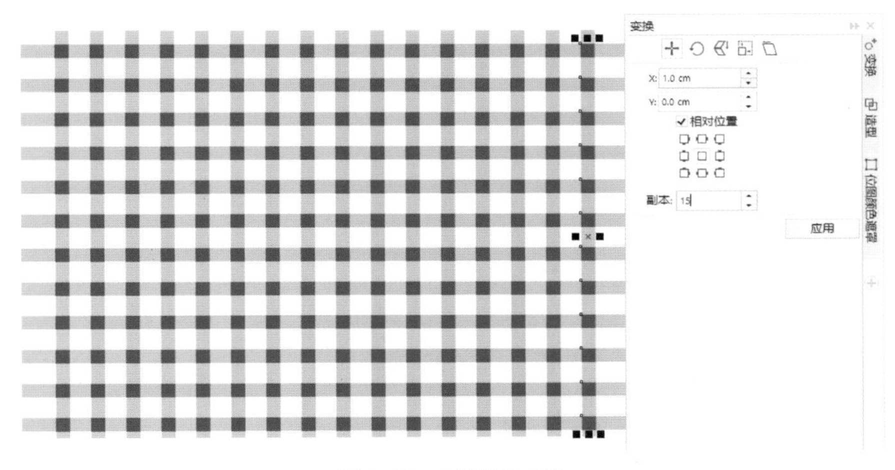

图3–33　复制格子内纹

（6）填充绘制好的格子图案。选择格子图案，再选【对象】–【PowerClip】–【置于图文框内部】，鼠标箭头变黑变粗，点击左键选择之前绘制好的矩形图形，结束操作，如图3–34所示。

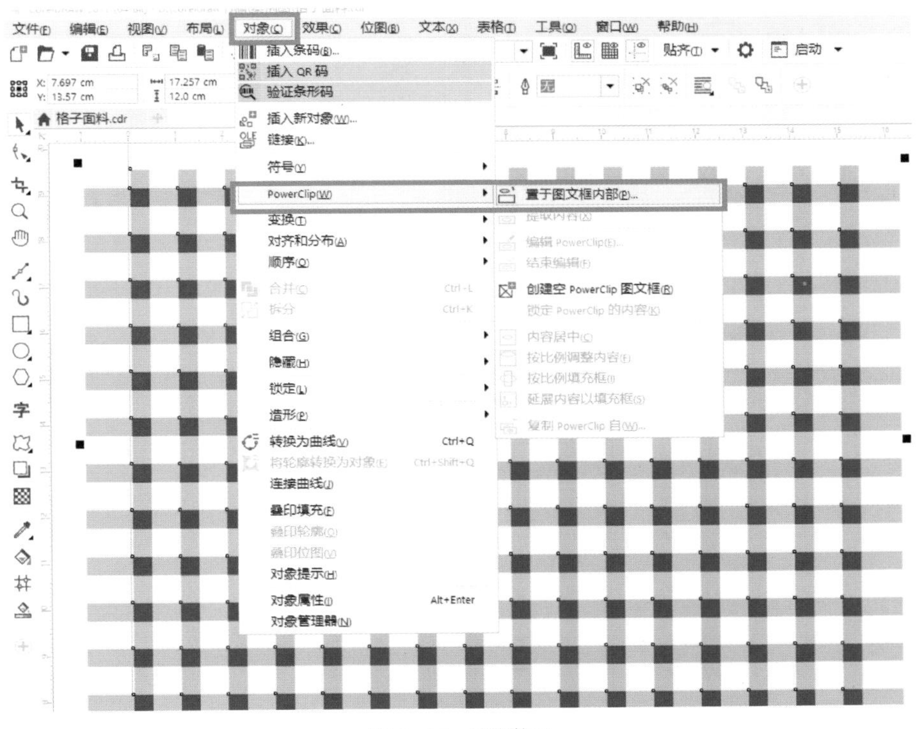

图3–34　填充格子

（7）设置格纹样式。选择格子图案，点击左键选择【位图】–【转换为位图】，如

图 3–35 所示，再次点击左键选择【位图】–【创造性】–【织物】，弹出对话框，【样式】设为刺绣，【大小】设为 5，【完成】设为 100，【亮度】设为 75，【旋转】设为 0°，点击【确定】结束操作，如图 3–36 所示。

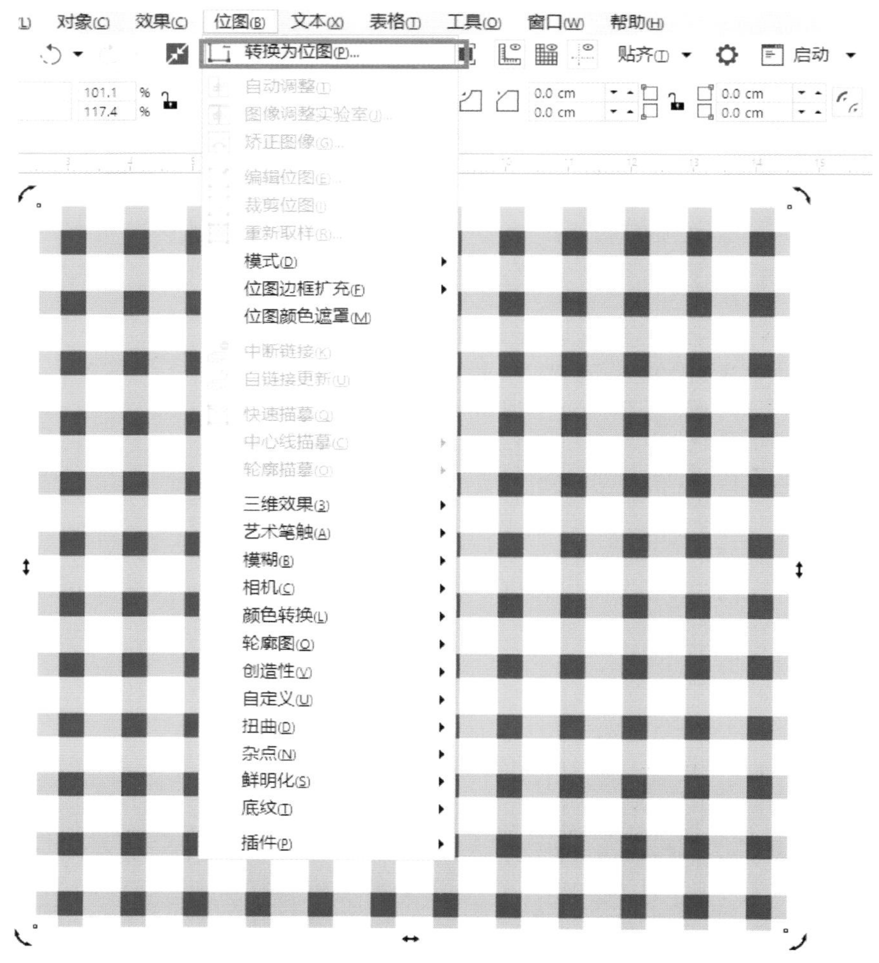

图 3–35　转换为位图

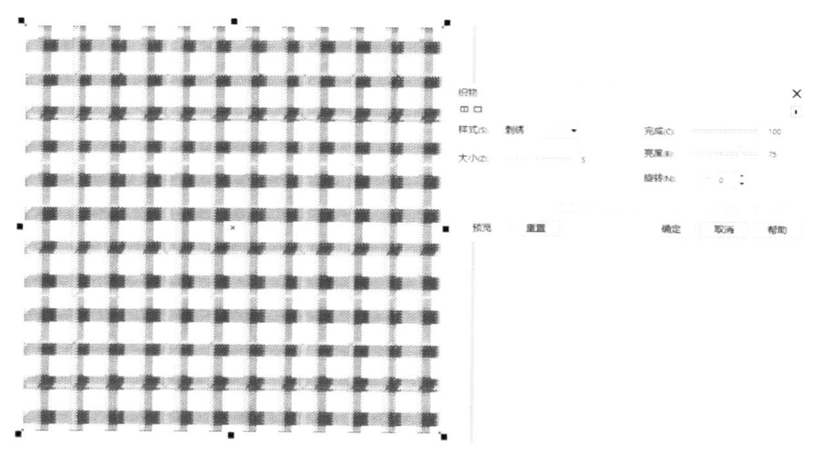

图 3–36　设置样式

（10）格子面料的最终效果如图 3–37 所示。

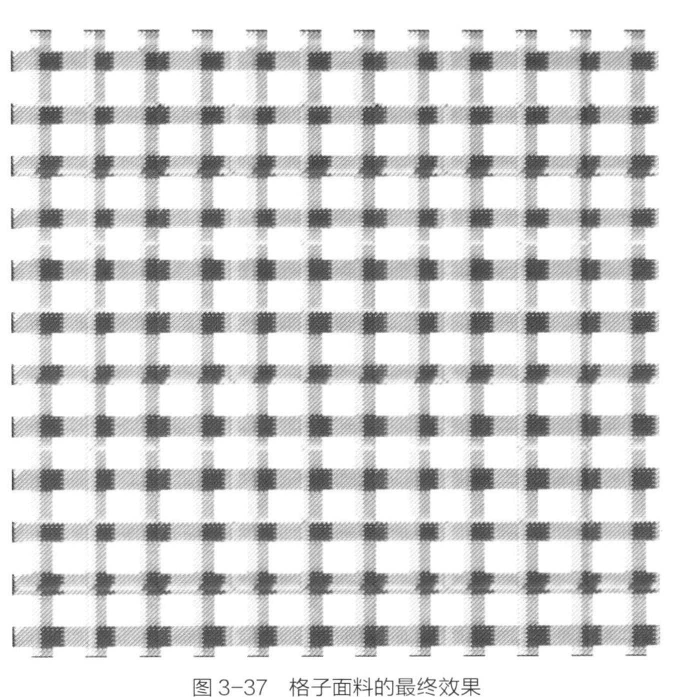

图 3-37　格子面料的最终效果

第三节　条纹面料设计

条纹面料设计步骤如下。

（1）创建新文档。

（2）设置面料底色。选择工具箱【矩形工具】绘制矩形，设置【对象大小】为 120cm、70cm，填充颜色的参数为 C:0、M:3、Y:12、K:0。结束操作，如图 3-38 所示。

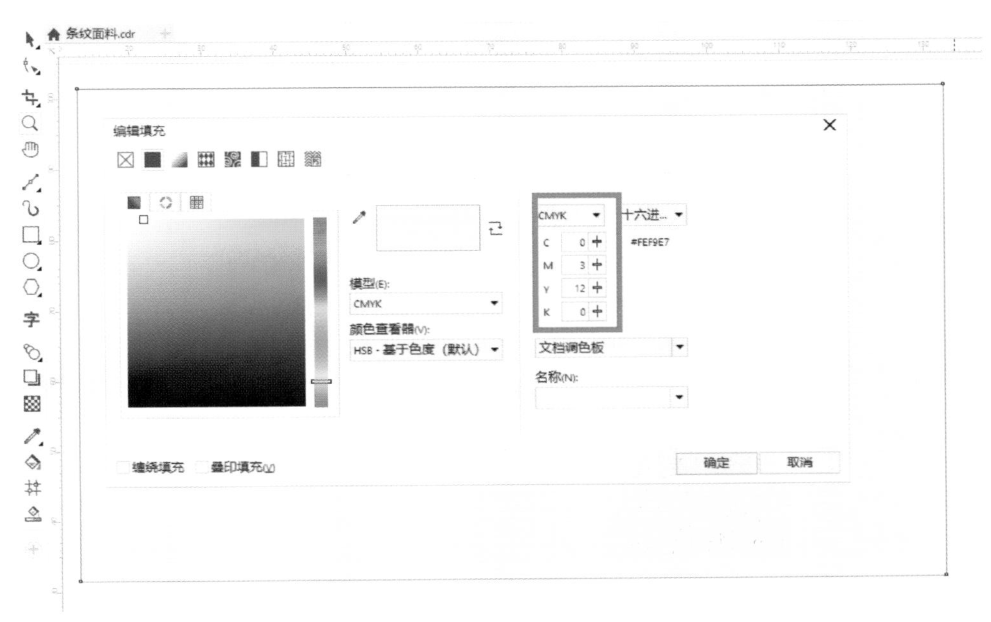

图 3-38　设置面料底色

（3）绘制面料底纹。点击左键选择绘制好的矩形，点击【转换为曲线】，再选择工具箱【调和工具】–【变形】–【拉链变形】，设置【拉链振幅】为 15，设置【拉链频率】为 20，再点击工具箱【挑选工具】结束操作。右键单击【调色盘】右上方【 × 】形图标，消除轮廓线，结束操作，如图 3–39 所示。

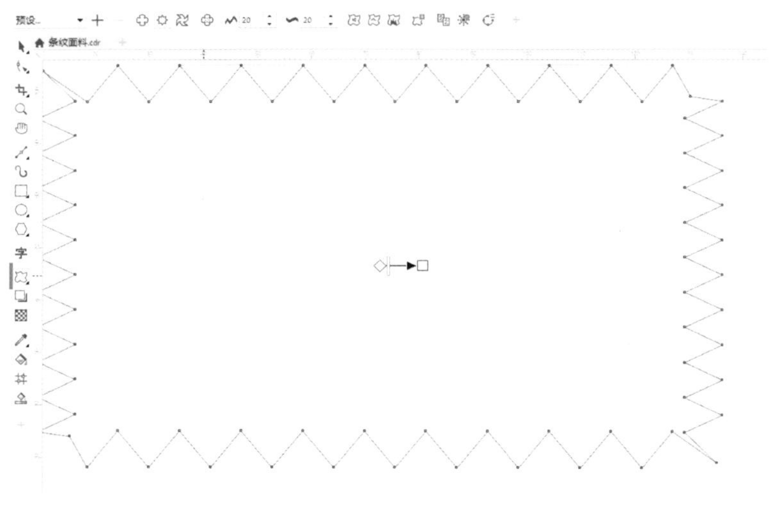

图 3–39　绘制面料底纹

（4）绘制条纹。

①选择工具箱【矩形工具】绘制矩形，设置【对象大小】为 0.2cm、70cm，填充颜色的参数为 C:45、M:93、Y:73、K:10，右键单击【调色盘】右上方【 × 】形图标，消除轮廓线，结束操作。再复制一个矩形，选择菜单栏【泊坞窗】–【变换】–【位置】命令，设置【X】为 1.5cm，设置【Y】为 0cm，设置【副本】为 1，点击【应用】，如图 3–40 所示。

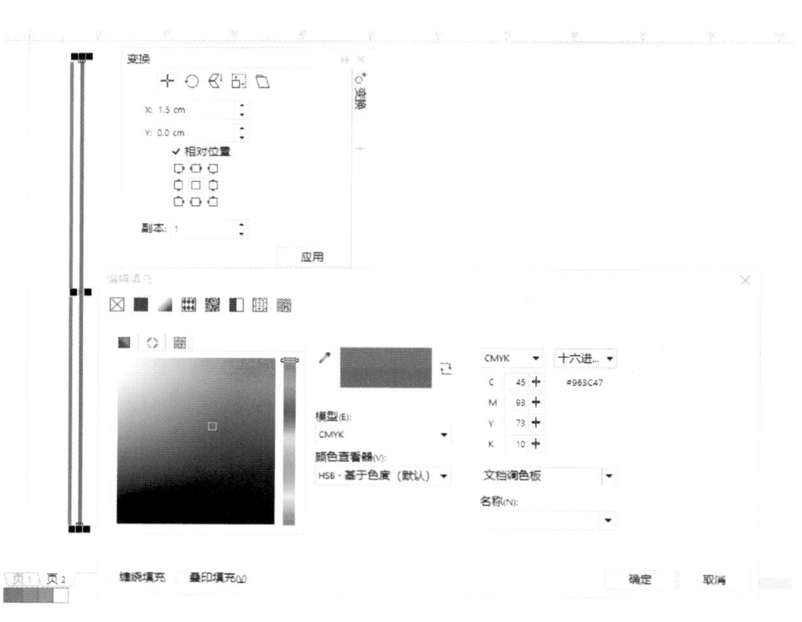

图 3–40　绘制条纹 1

②再绘制一个矩形，填充颜色的参数为C:40、M:0、Y:20、K:60，操作方法同上一步，相应参数的设置如图 3-41 所示。

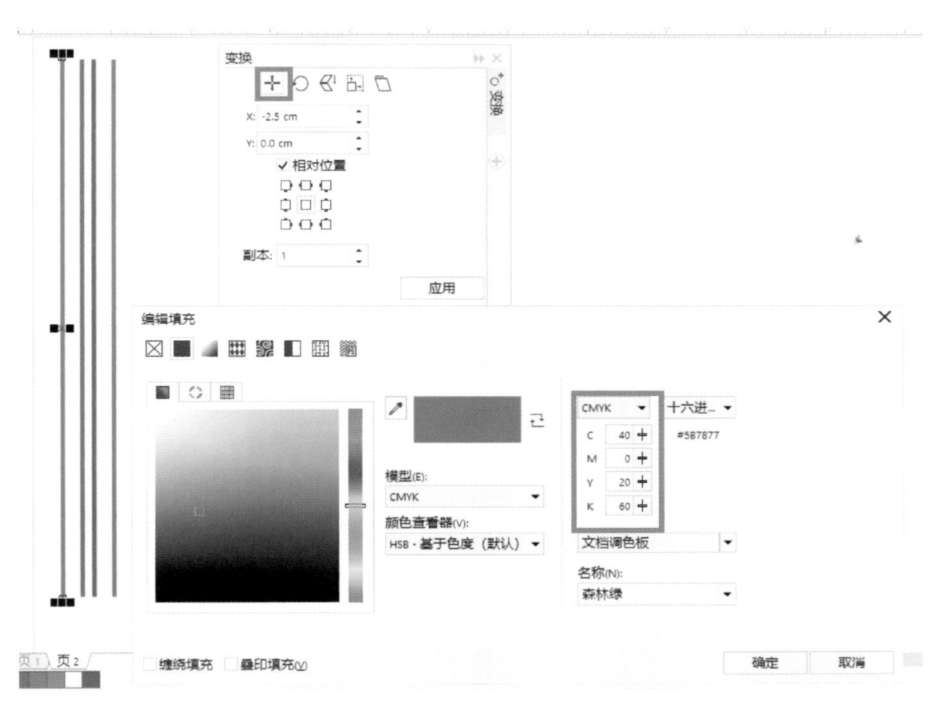

图 3-41　绘制条纹 2

③使用工具箱【贝塞尔工具】绘制直线，在【轮廓笔】中设置【颜色】，【宽度】为 3.0mm，【样式】为虚线，其他选项不变，点击【确定】，结束操作，如图 3-42 所示。

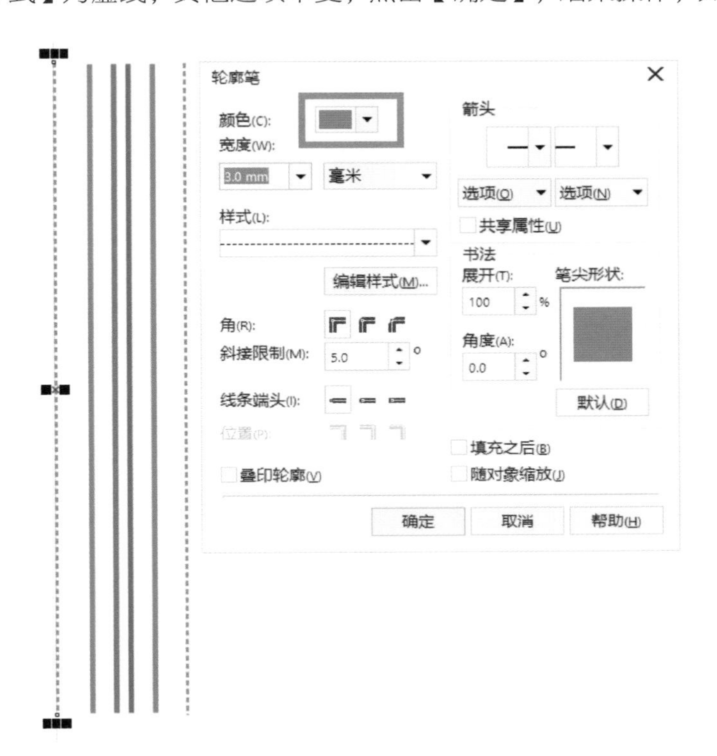

图 3-42　绘制条纹 3

④左键框选所有条纹，右键单击，选择对话框中的【组合对象】，如图 3-43 所示。选择菜单栏【泊坞窗】-【变换】-【位置】命令，设置【X】为 14cm，设置【Y】为 0cm，设置【副本】为 7，点击【应用】，再次点击左键框选所有条纹，右键单击，选择对话框中的【组合对象】结束操作，如图 3-44 所示。

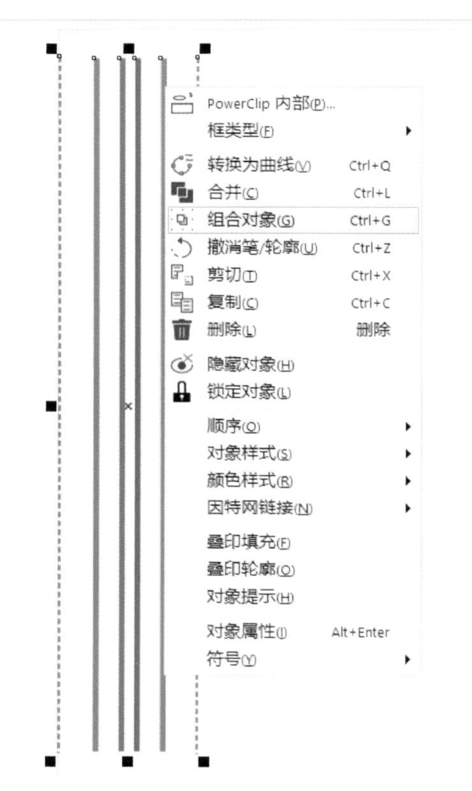

图 3-43　组合条纹

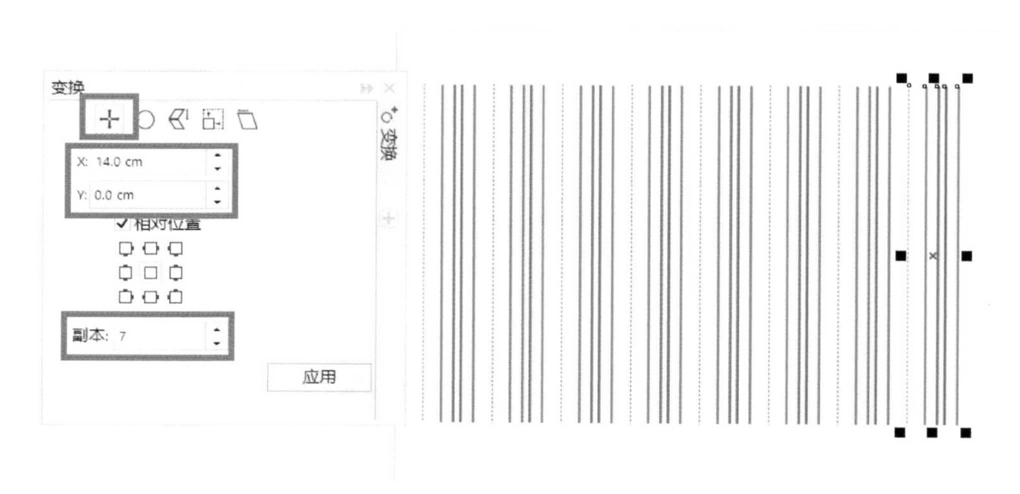

图 3-44　复制条纹组合

（5）填充条纹图案。【挑选工具】左键点选条纹图案，再选择【对象】-【PowerClip】-【置于图文框内部】，鼠标箭头变黑变粗，点选之前绘制好的矩形图形，结束操作，如图 3-45 所示。条纹面料设计的最终效果如图 3-46 所示。

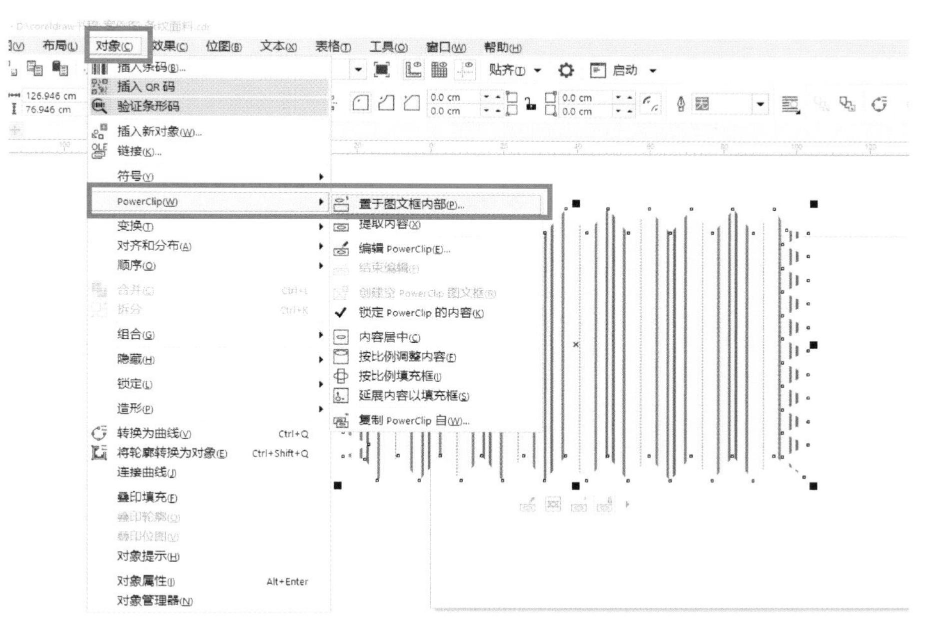

图 3-45　填充条纹图案

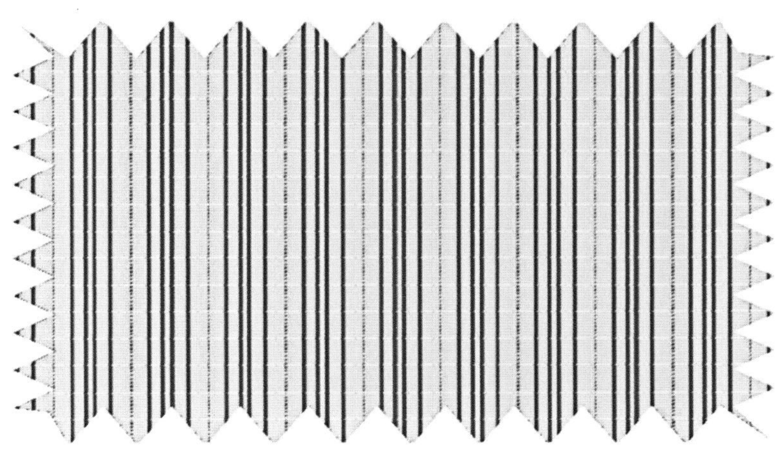

图 3-46　条纹面料设计的最终效果

小贴士

修改轮廓线

在 CorelDRAW 2017 中，用户可以在选取需要设置轮廓属性的对象后，双击状态栏中的轮廓状态，或按【F12】键，打开【轮廓笔】对话框。使用【轮廓笔】对话框可以设置轮廓线的宽度、线条样式、边角形状、线条端头形状、箭头形状、书法笔尖形状等。

在该对话框中，单击【颜色】下拉按钮，在展开的颜色选取器中可以选择合适的轮廓颜色。

在【轮廓笔】对话框中的【宽度】选项中可以选择或自定义轮廓的宽度，并可在【宽度】数值框右边的下拉列表中选择数值的单位。选择需要设置轮廓宽度的对象后，再单击属性栏中的【轮廓宽度】选项进行设置。在该选项下拉列表中可以选择预设的轮廓宽度，也可以直接在该选项数值框中输入所需的轮廓宽度值。

在【样式】下拉列表中可以为轮廓线选择一种线条样式。单击【编辑样式】按钮，在打开的【编辑线条样式】对话框中可以自定义线条样式。

在【轮廓笔】对话框的【角】选项栏中，可以将线条的拐角设置为尖角、圆角或斜角样式。【斜接限制】选项用于消除添加轮廓时出现的尖突情况，可以在数值框中输入数值进行修改。数值越小越容易出现尖突，正常情况下 45° 为最佳值。【线条端头】选项栏中，可以设置线条端头的效果。【位置】选项栏中，可以设置描边位于路径的内侧、居中或外侧。在【箭头】选项区中，可以设置起始端和终止端的箭头样式。单击【选项】按钮，从弹出的下拉列表中选择【编辑】选项，可以打开【箭头属性】对话框设置箭头样式。

在【书法】选项区中，可以为轮廓线条设置书法轮廓样式。在【展开】数值框中输入数值，可以设置笔尖的宽度。在【角度】数值框中输入数值，可以基于绘画而更改画笔的方向。用户也可以在【笔尖形状】预览框中单击或拖动，手动调整书法轮廓样式。

在【轮廓笔】对话框中，选中【填充之后】复选框能将轮廓限制在对象填充的区域之外。选中【随对象缩放】复选框，则在对图形进行比例缩放时，其轮廓的宽度会按比例进行相应的缩放。

第四节　千鸟格面料设计

千鸟格面料设计步骤如下。

（1）创建新文档。

（2）绘制一个千鸟格图形。

①使用工具箱【矩形工具】绘制矩形，设置【对象大小】为 1.0cm 和 1.0cm，再复制 4 个，呈“十”字形状排列，如图 3–47 所示。

②填充图形。点击【挑选工具】，选择“十”字中心的矩形填充为黑色，左键单击【调色板】黑色；使用【贝赛尔工具】，在中心上方的矩形和左侧的矩形中绘制三角形，并填充为黑色；使用【贝赛尔工具】，在中心右侧的矩形和下方的矩形中绘制梯形，并填充为黑色，效果如图 3–48 所示。

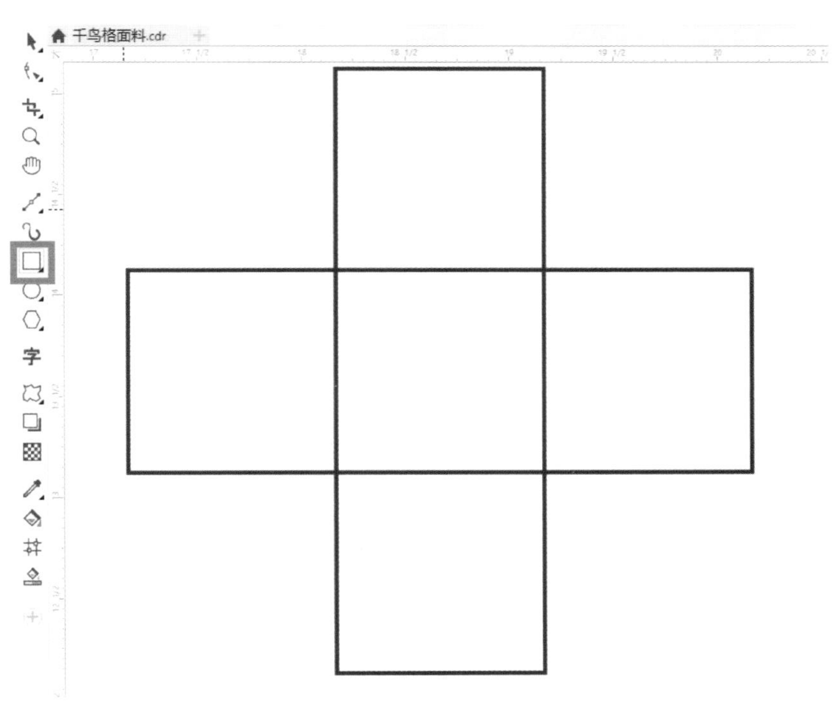

图 3-47　绘制十字形

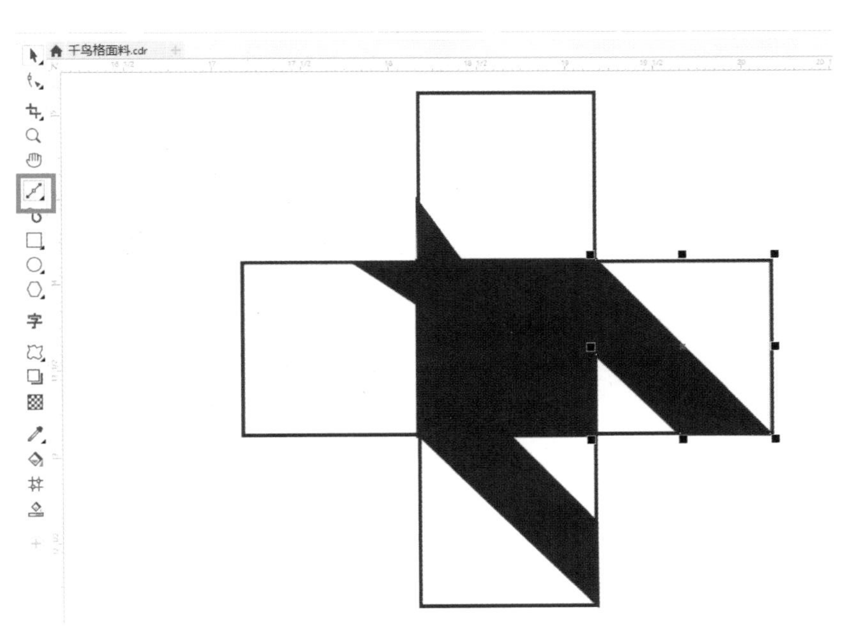

图 3-48　填充图形

（3）复制多个千鸟格图形。左键框选绘制好的千鸟格图形，单击右键，选择对话框中的【组合对象】。再使用菜单栏【泊坞窗】–【变换】–【位置】，设置【X】为 2cm，设置【Y】为 0cm，设【副本】为 10，点击【应用】。左键框选所有千鸟格图形并点击【组合对象】以组合图形，如图 3–49 所示。再次使用菜单栏【泊坞窗】–【造型】–【变换】–【位置】，设置【X】为 0cm，设置【Y】为 2.0cm，设置【副本】为 10，点击【应用】。再次点击【组合对象】，结束操作，如图 3–50 所示。

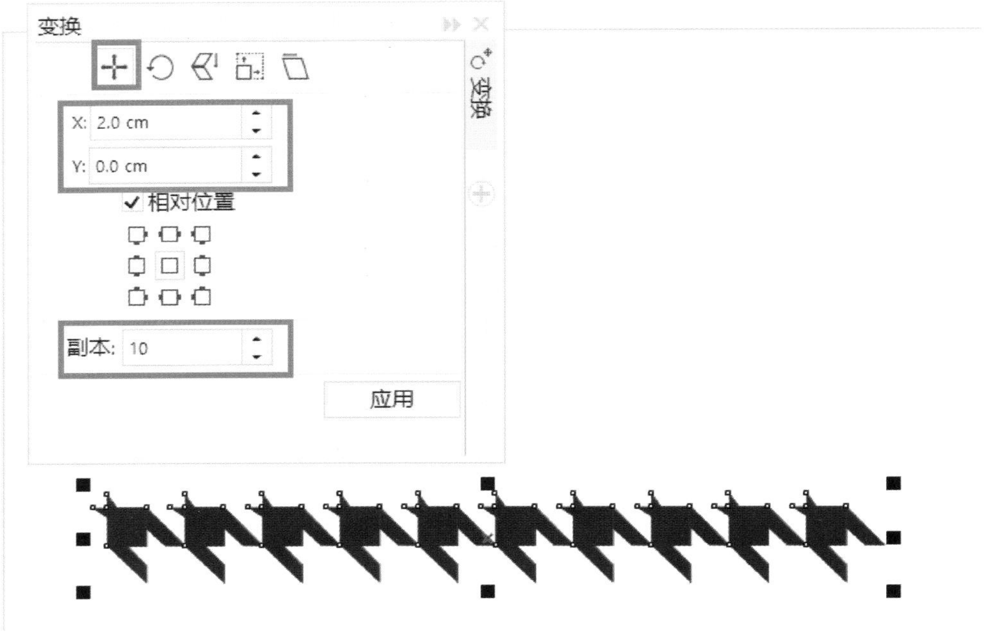

图 3-49　横向复制图形组

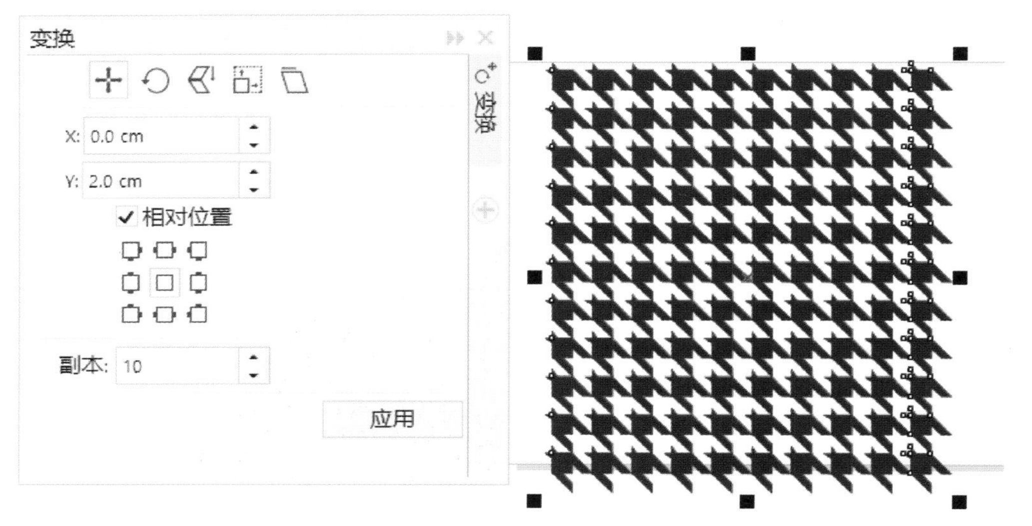

图 3-50　竖向复制图形组

（4）绘制面料底纹。选择工具箱【矩形工具】绘制矩形，在【对象大小】设置矩形长和宽为 65cm 和 40cm。点击左键选择绘制好的矩形，点击【转换为曲线】，再选择工具箱【调和工具】-【变形】，点选【拉链变形】，设置【拉链振幅】为 20，【拉链频率】设为 20，左键点选工具箱【挑选工具】结束操作，如图 3-51 所示。

（5）填充千鸟格图形。使用【挑选工具】左键点选条纹图案，再选择【对象】-【PowerClip】-【置于图文框内部】，鼠标箭头变黑变粗，左键点选之前绘制好的矩形图形，结束操作，如图 3-52 所示。再右键单击【调色盘】右上方【×】图标，消除轮廓线，结束操作。

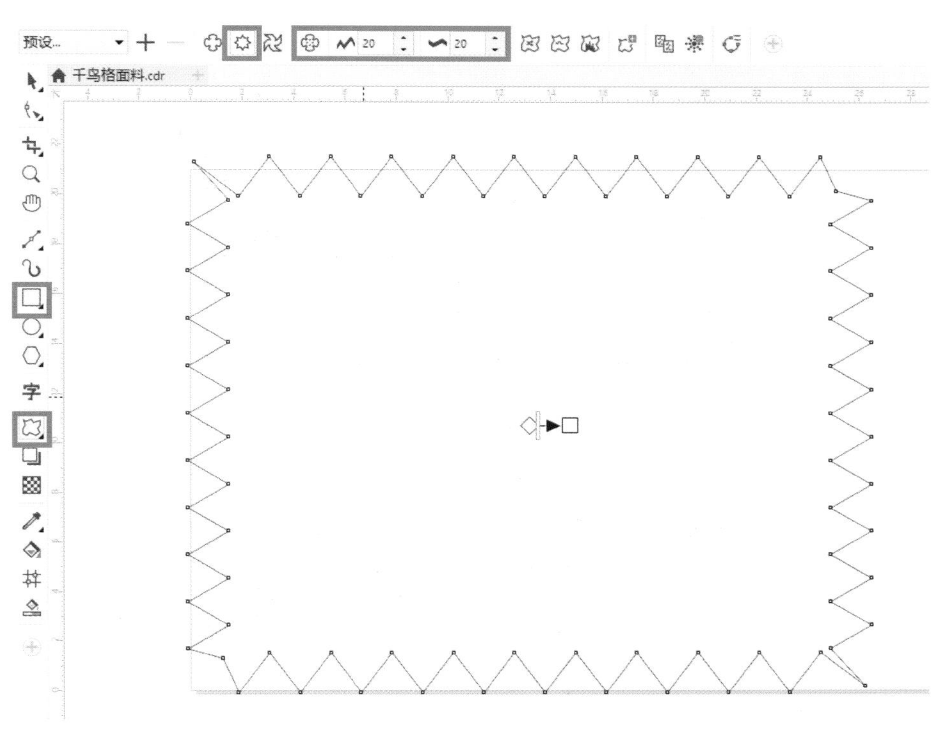

图 3-51　绘制面料底纹

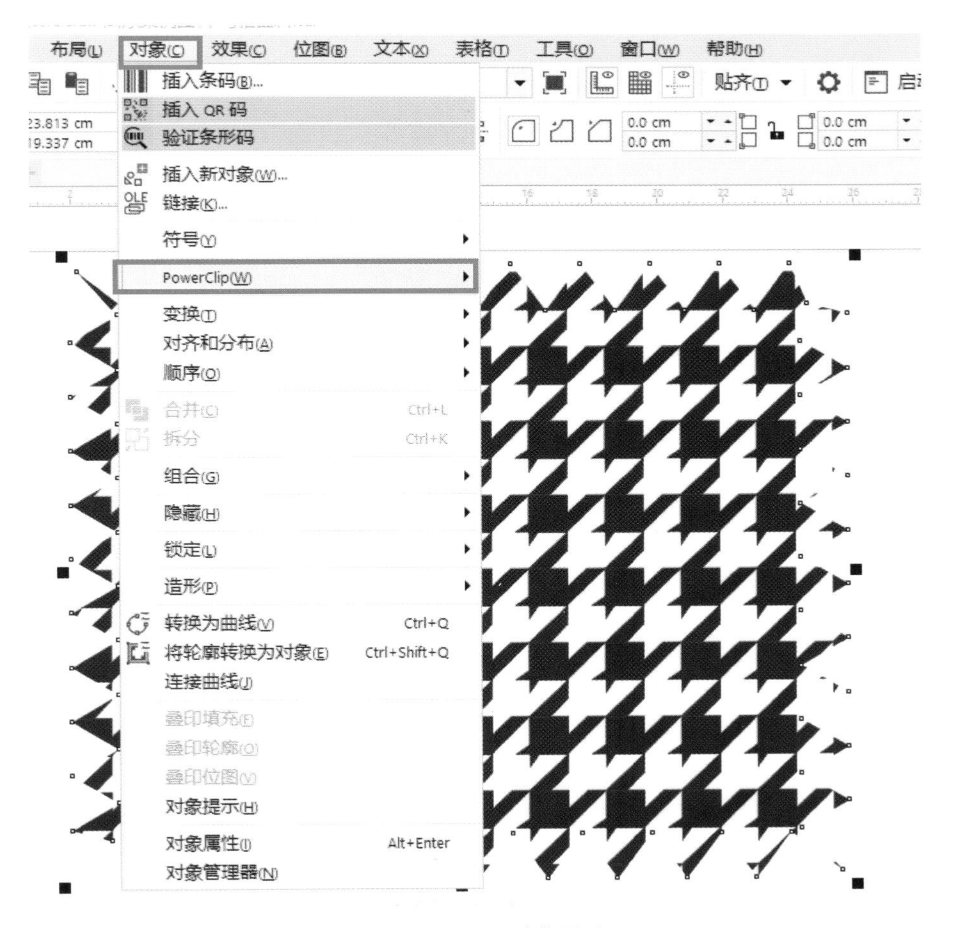

图 3-52　填充千鸟格图形

（6）千鸟格面料设计的最终效果如图 3-53 所示。

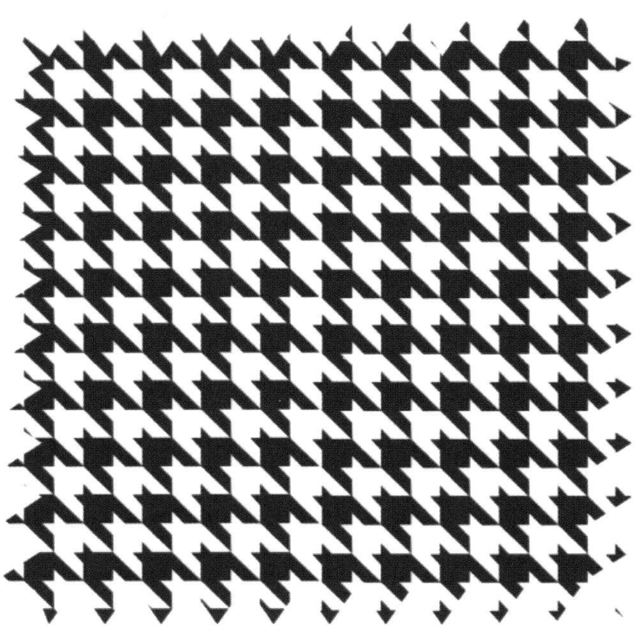

图 3-53　千鸟格面料设计的最终效果

小贴士

变形效果

使用【变形】工具可以对所选对象进行各种不同效果的变形。在 CorelDRAW 2017 中，可以为对象应用推拉变形、拉链变形和扭曲变形 3 种不同类型的变形效果。

1. 应用变形效果

使用工具箱中的【变形】工具可以改变对象的形状。一般用户可以先使用【变形】工具进行对象的基本变形，然后通过【变形】工具属性栏进行相应编辑并设置调整变形效果。

在该工具属性栏中，通过单击【推拉变形】按钮、【拉链变形】按钮或【扭曲变形】按钮，可以在绘图窗口中进行相应的变形效果操作。单击不同的变形效果按钮,【变形】工具属性栏也会显示不同的参数选项。

2. 清除变形效果

清除对象上应用的变形效果可使对象恢复到变形前的状态。使用【变形】工具单击需要清除变形效果的对象，然后选择【效果】-【清除变形】命令或单击属性栏中的【清除变形】按钮即可。

第五节　波点绗缝面料设计

（1）创建新文档。

（2）绘制面料底纹。选择工具箱【矩形工具】绘制矩形，设置【对象大小】为 40cm 和 25cm。左键选择绘制好的矩形，点击【转换为曲线】，再选择工具箱【调和工具】-【变形】，点选【拉链变形】，设置【拉链振幅】为 15，【拉链频率】设为 20，左键点选工具箱【挑选工具】，结束操作，如图 3-54 所示。

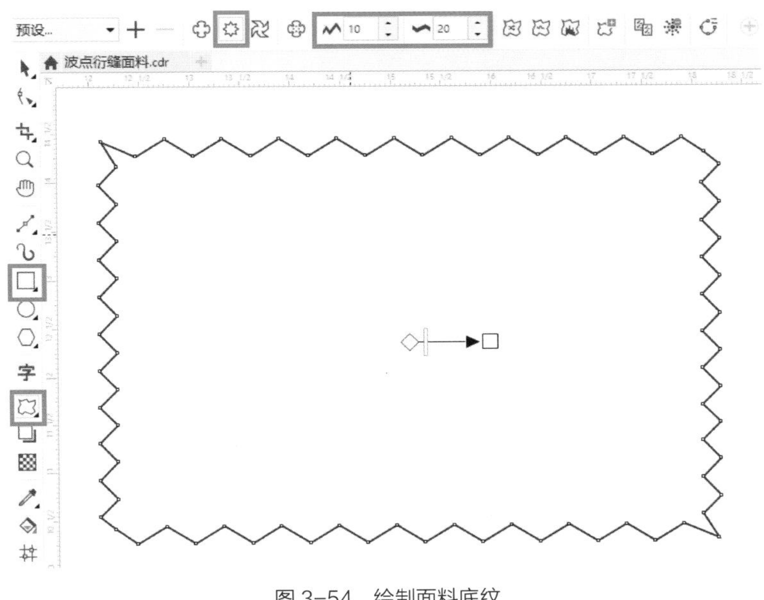

图 3-54　绘制面料底纹

（3）填充面料底纹。填充颜色的参数为 C:20、M:4、Y:24、K:0，如图 3-55 所示。

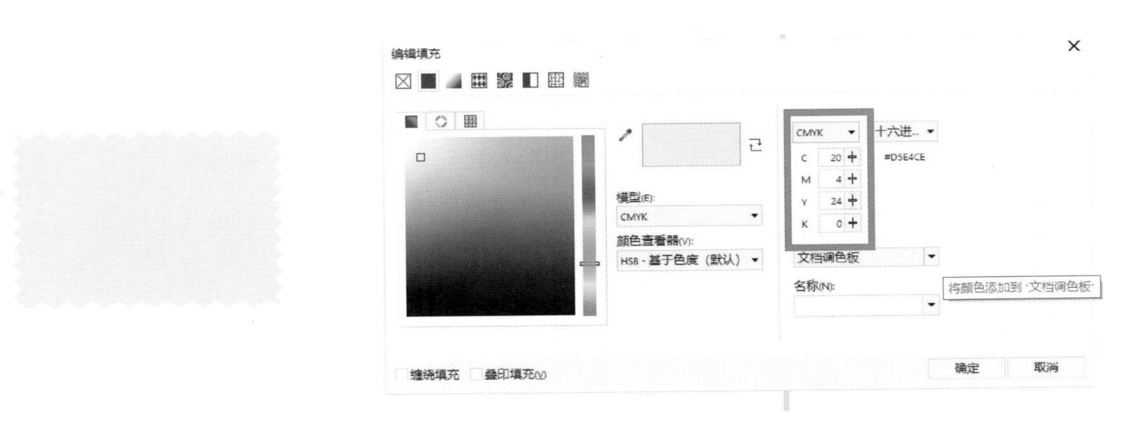

图 3-55　填充面料底纹

（4）绘制一个底纹图案。使用工具箱【多边形工具】，设置【点数或边数】为 8，设置【对象大小】为 0.1cm 和 0.1cm，如图 3-56 所示。右键单击【调色盘】中的颜色，改变轮廓线的颜色（填充的颜色比底纹颜色略深即可），轮廓宽度为 0.2mm，如图 3-57 所示。

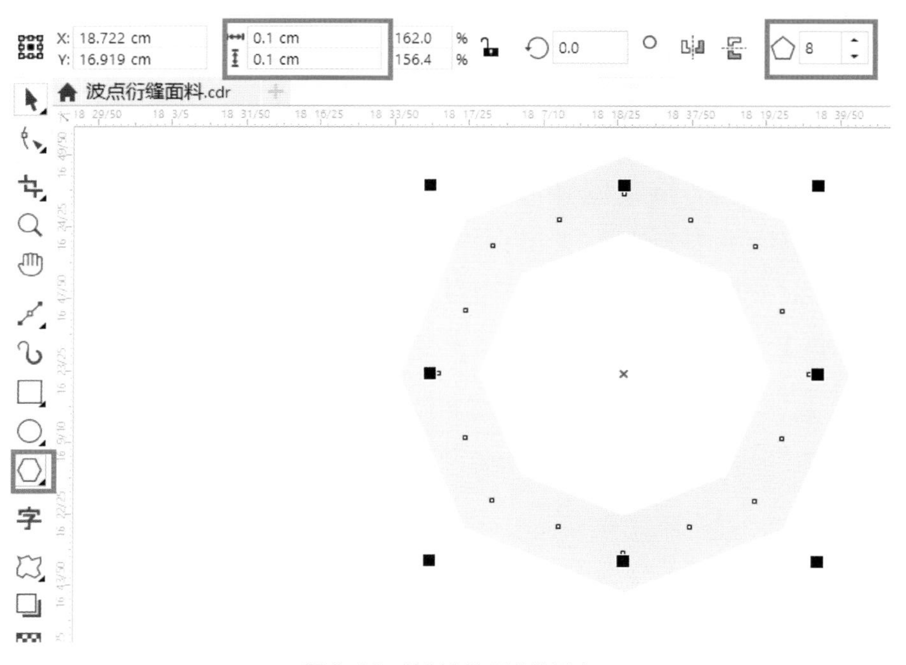

图 3-56　绘制八边形底纹图案

图 3-57　改变轮廓线颜色

（5）绘制底纹图案。使用【挑选工具】选择绘制好的八角形，点击菜单栏【泊坞窗】–【变换】–【位置】命令，设置【X】为 0cm，设置【Y】为 0.1cm，设置【副本】为 20，点击【应用】，重复多次，如图 3–58 所示。左键框选所有八角形，点击【组合对象】，如图 3–59 所示。

（6）填充底纹图形。使用【挑选工具】点选条纹图案，再选择【对象】–【PowerClip】–【置于图文框内部】，鼠标箭头变黑变粗，左键点选之前绘制好的矩形图形，结束操作，如图 3–60 所示。

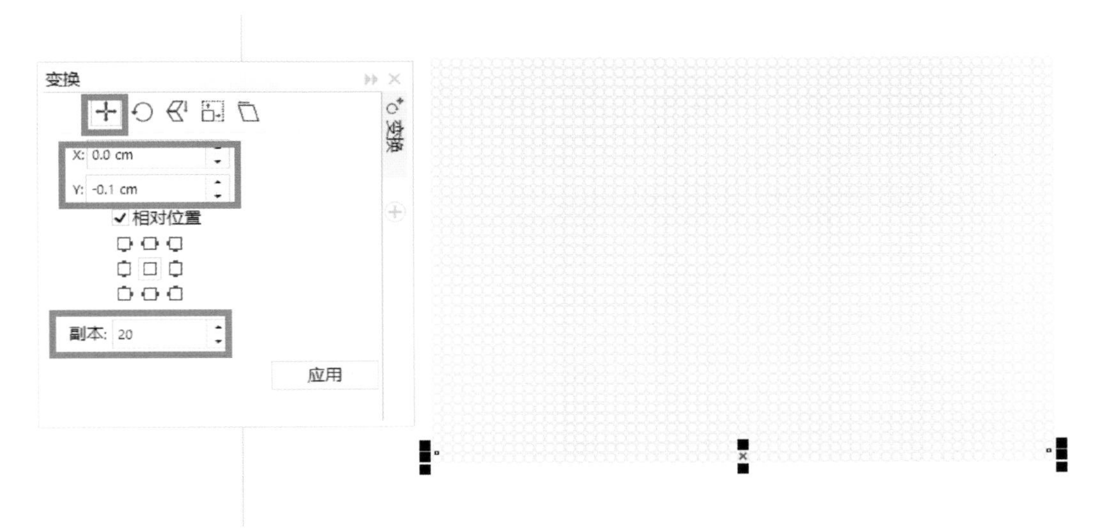

图 3–58　绘制图案

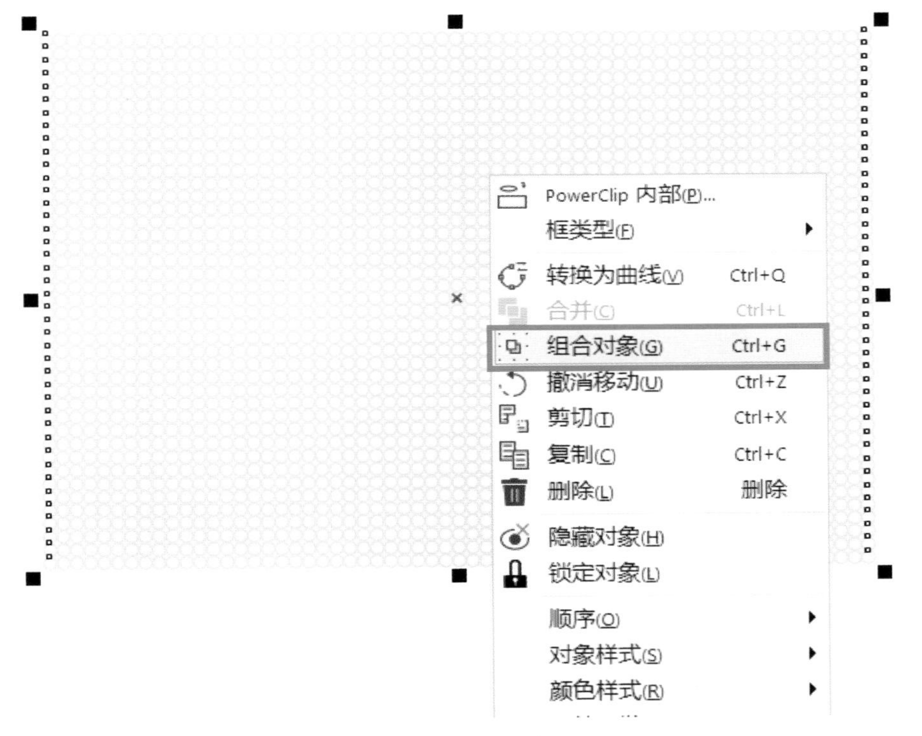

图 3–59　组合对象

（7）绘制一个波点。

①点击工具箱【椭圆工具】，按住【Ctrl】键同时按住左键，向外拖动，画正圆形，设置【对象大小】为 0.2cm 和 0.2cm。

②填充颜色的参数为 C:20、M:4、Y:24、K:0。

③使用工具箱【阴影工具】添加阴影，按住箭头向外拖动调节阴影，设置【不透明度】为 81，设置【羽化】为 15，结束操作，如图 3–61 所示。

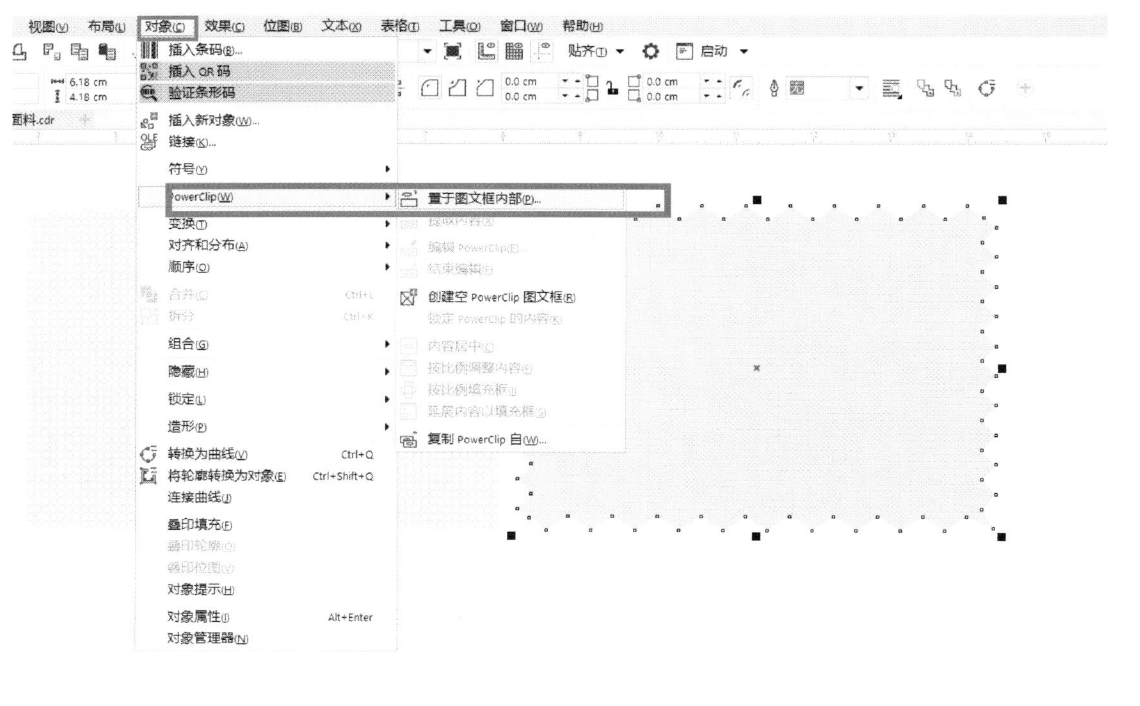

图 3-60　填充底纹图形

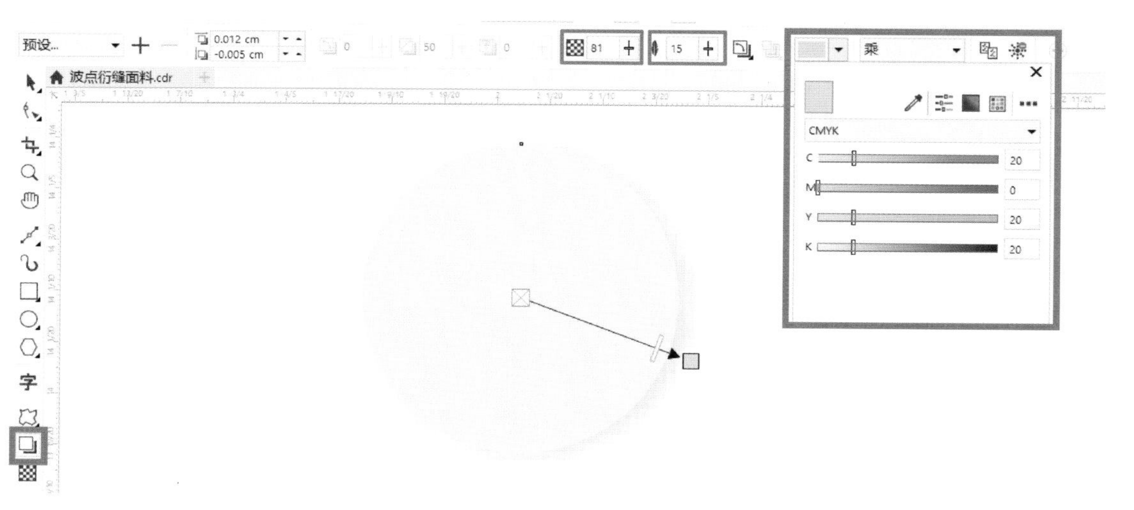

图 3-61　绘制一个波点

（8）绘制波点的细节。使用工具箱【交互式填充工具】，选择【渐变填充】–【均匀填充】，如图 3–62 所示。

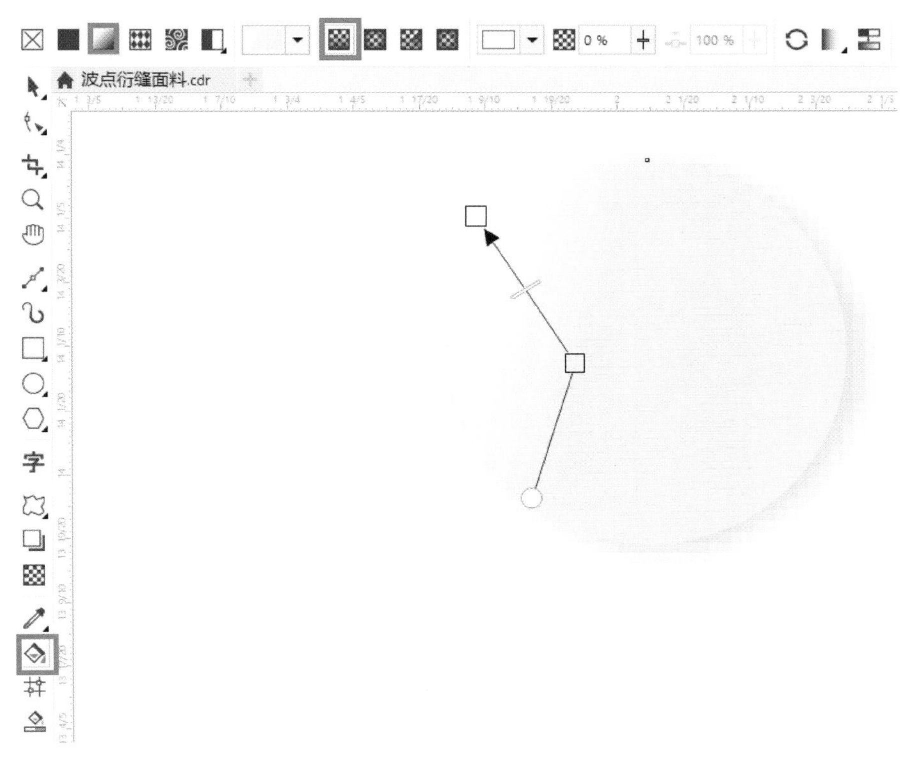

图 3–62　绘制波点的细节

（9）复制波点图形。使用【挑选工具】选择绘制好的波点，点击菜单栏【泊坞窗】–【造型】–【变换】–【位置】，设置【X】为 0cm，设置【Y】为 0.6cm，设置【副本】为 8，点击【应用】，重复多次。左键框选所有波点，点击【组合对象】，如图 3–63 所示。

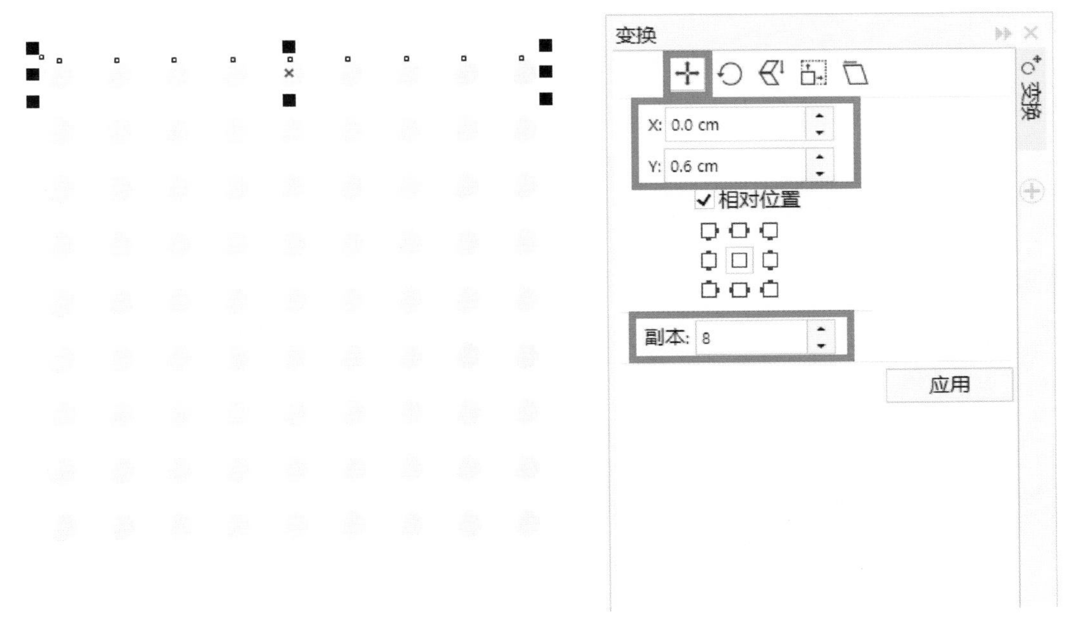

图 3–63　复制波点图形

（10）填充波点图形。用【挑选工具】左键点选条纹图案，再选择【对象】–【PowerClip】–【置于图文框内部】，鼠标箭头变黑变粗，左键点选之前绘制好的矩形图形，结束操作。波点绗缝面料设计的最终效果如图 3–64 所示。

图 3–64　波点绗缝面料设计的最终效果

绘制多边形

思考与练习

1. 服装常用面料有哪些？各有什么特点？

2. 根据流行色设计一款格子面料。

3. 设计一款夏装蕾丝面料。

第四章 服装辅料的设计及案例

章节导读

第一节　织带的设计

织带的设计步骤如下。

（1）创建新文档。

（2）绘制一个织带元素。选择工具箱中的【矩形工具】绘制矩形，设置【对象大小】为 0.1cm 和 1.5cm，如图 4–1 所示；填充矩形，设置颜色的参数为 C:0、M:100、Y:100、K:0，如图 4–2 所示。右键单击调色盘上的【×】图标，消除轮廓线，结束操作。

（3）继续调整织带元素。选择工具箱中的【填充工具】–【渐变填充】–【线性渐变】，做出渐变效果，如图 4–3 所示。

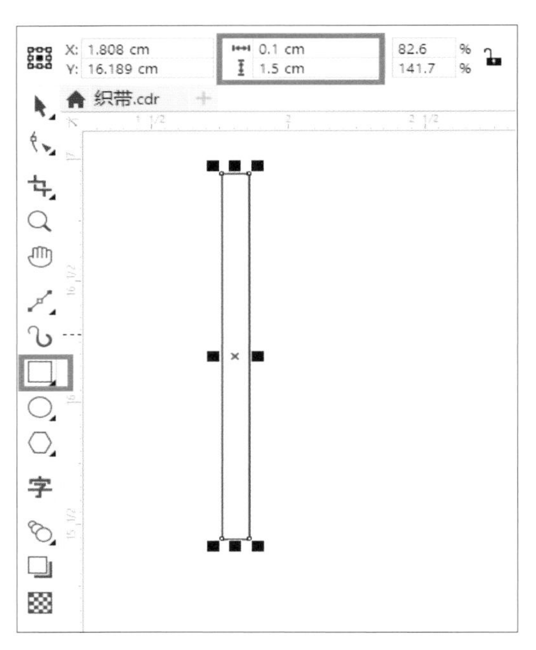

图 4-1　绘制矩形

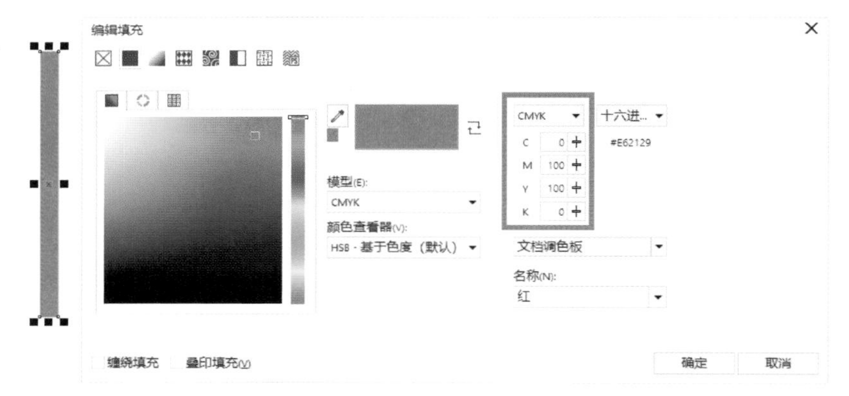

图 4-2　填充矩形

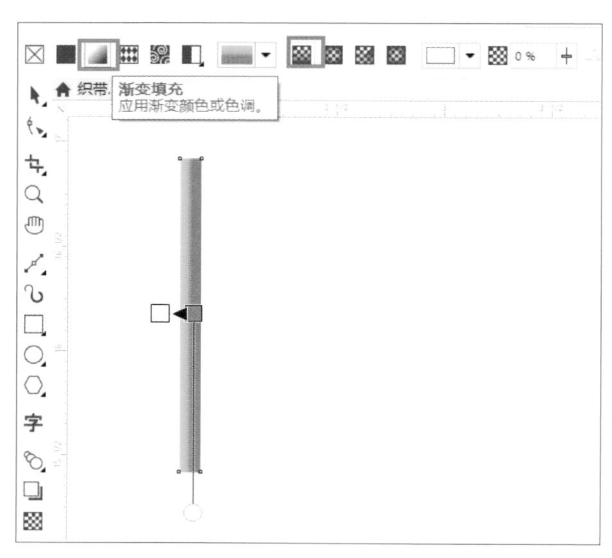

图 4-3　渐变效果

（4）复制多个织带元素。选择菜单栏【泊坞窗】–【造型】–【变换】–【位置】，【X】设为 0.1cm，【Y】设为 0cm，【副本】设为 20，多次点击【应用】，绘制织带主体元素，结束操作，如图 4–4 所示。

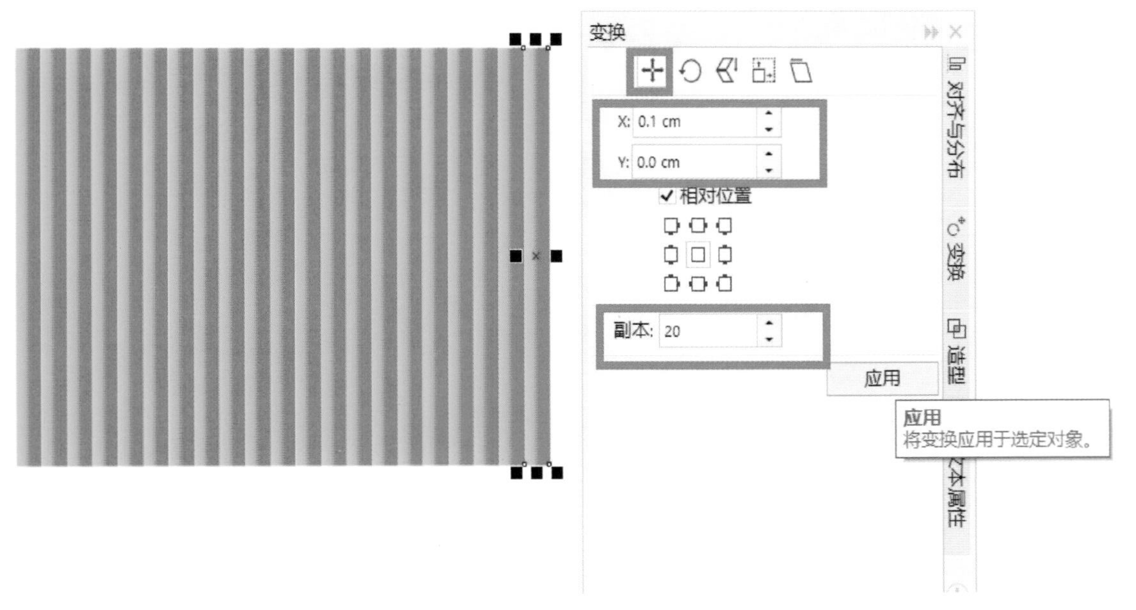

图 4–4　绘制织带主体元素

（5）绘制明缉线。选择工具箱【贝塞尔线】绘制一条直线，选择工具箱【挑选工具】，在属性栏将【轮廓宽度】设置为 0.5mm，【线性样式】设置为虚线；在调色盘中右键单击【×】图标，结束操作，如图 4–5 所示。

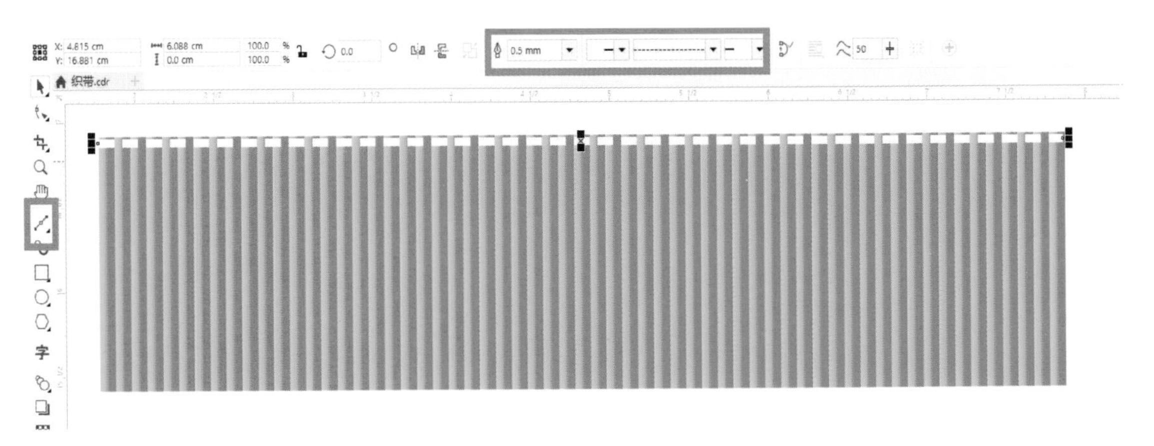

图 4–5　绘制明缉线

（6）绘制织带的边缘线。选择工具箱中的【矩形工具】绘制矩形，设置【对象大小】为 0.044cm 和 0.066cm，填充矩形，设置颜色的参数为 C:0、M:100、Y:100、K:0，如图 4–6 所示。使用【泊坞窗】–【造型】–【变换】–【位置】，【X】设为 0.044cm，【Y】设为 0cm，【副本】设为 20，多次点击【应用】，结束操作，如图 4–7 所示。

（7）将绘制好的明缉线和边缘线放在织带两侧，最终效果如图 4–8 所示。

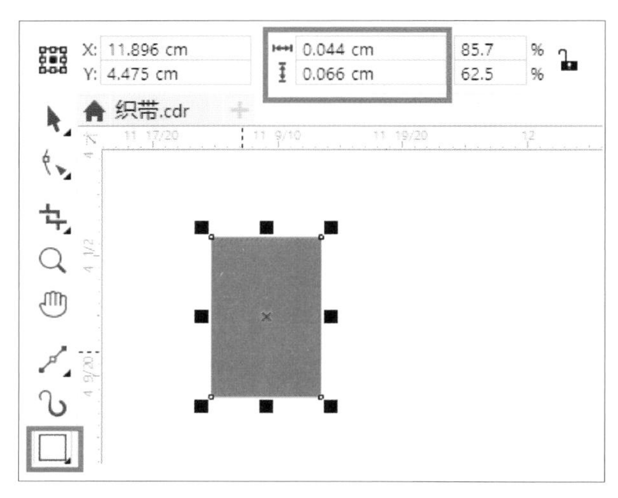

图 4-6　绘制矩形并填充

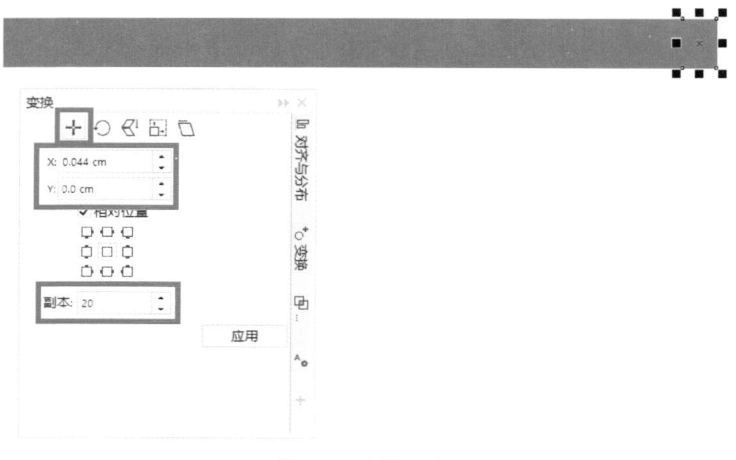

图 4-7　制作副本

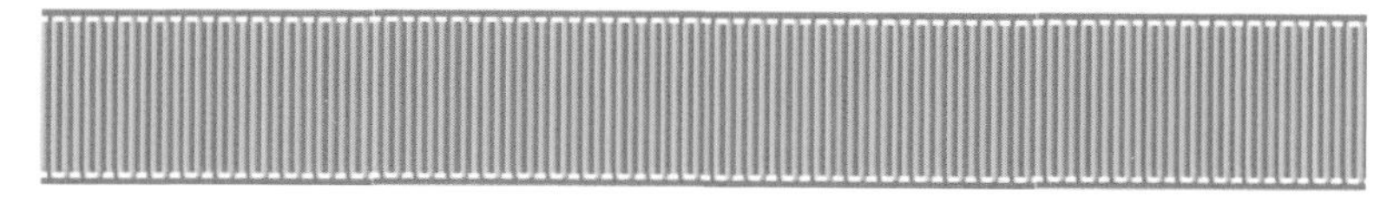

图 4-8　最终效果

第二节　纽扣的设计

纽扣的设计步骤如下。

（1）创建新文档。

（2）绘制第一层底面。选择工具箱中的【椭圆工具】，同时按住【Ctrl】键绘制椭圆，设置【对象大小】为 3.5cm 和 3.5cm；设置填充颜色的参数为 R:127、G:100、B:45，如图 4-9 所示。选择工具箱【阴影工具】，设置【阴影不透明度】为 91，设置【阴影羽化】为 15，设置【合并模式】为乘，设置【颜色】为黑，按住箭头进行调整，结束操作，如图 4-10 所示。

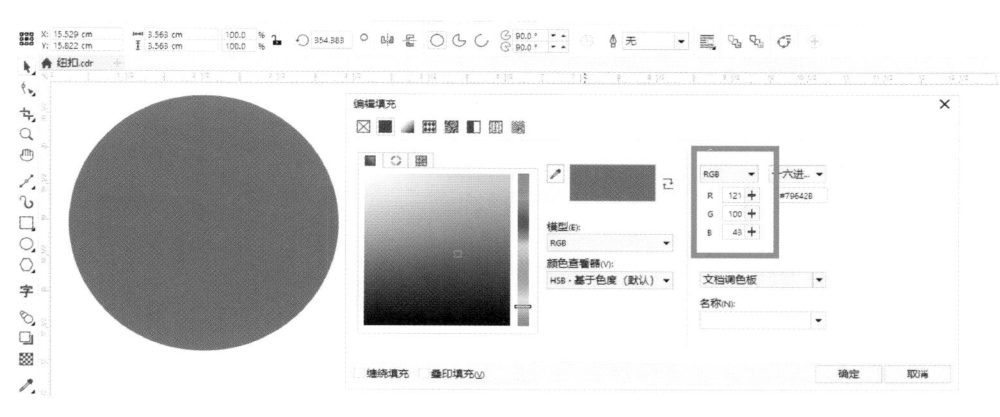

图 4-9　绘制椭圆并填充颜色

图 4-10　绘制阴影效果

（3）绘制第二层底面。首先使用【椭圆工具】绘制比第一层底面略小的圆形，设置填充颜色的参数为 C:21、M:36、Y:78、K:0。接着使用工具箱中的【填充工具】-【渐变填充】，选择【线性渐变】，按住箭头进行调整，结束操作，如图 4-11 所示。

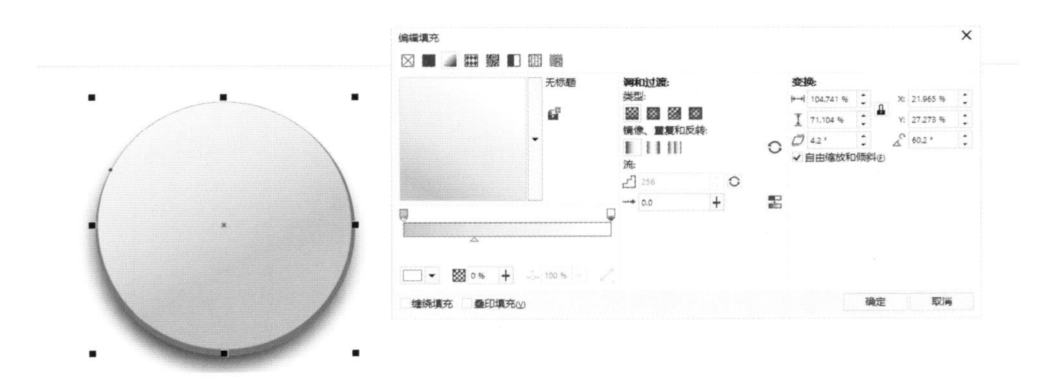

图 4-11　绘制渐变效果

（4）绘制第三层底面。首先使用【椭圆工具】绘制圆形，设置颜色参数为 C:56、M:59 、Y:100、K:11，接着使用工具箱【填充工具】-【渐变填充】，设置【类型】为线性渐变，按住箭头进行调整，结束操作，如图 4-12 所示。

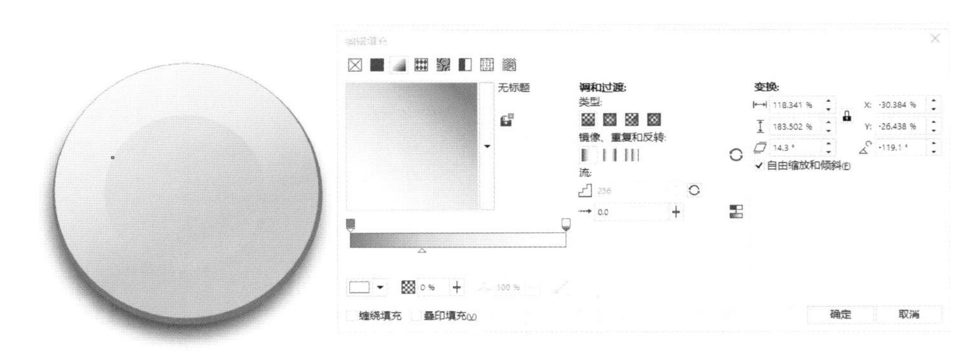

图 4-12　第三层渐变效果

（5）绘制第四层底面。绘制椭圆并填充，接着选择【渐变填充】，通过拖动手柄进行操作，呈现纽扣凸凹的效果，结束操作，如图 4-13 所示。

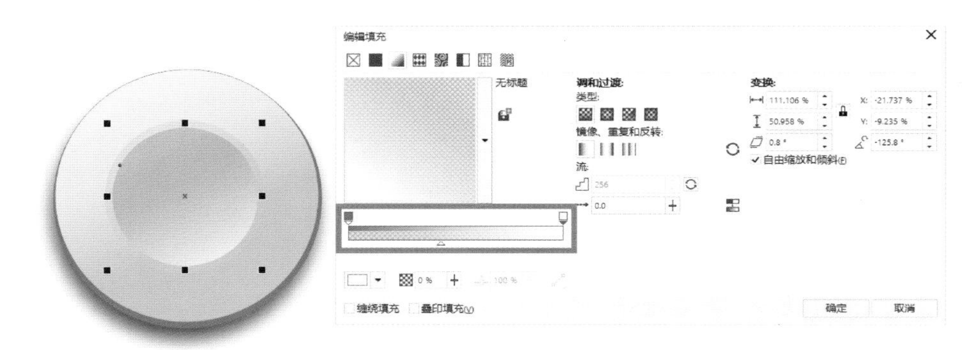

图 4-13　第四层渐变效果

（6）绘制第一层扣眼。使用【椭圆工具】绘制圆形，填充颜色为白色，接着使用工具箱【透明工具】，选择【均匀透明】、【常规】，【透明度】设为 86，结束操作，如图 4-14 所示。绘制第二层扣眼。使用【椭圆工具】绘制一个比第一层扣眼小的圆形，填充颜色为白色，如图 4-15 所示。将两层扣眼组合，并复制出三个，放在扣子底面上，并调整至合适位置。

图 4-14　第一层扣眼

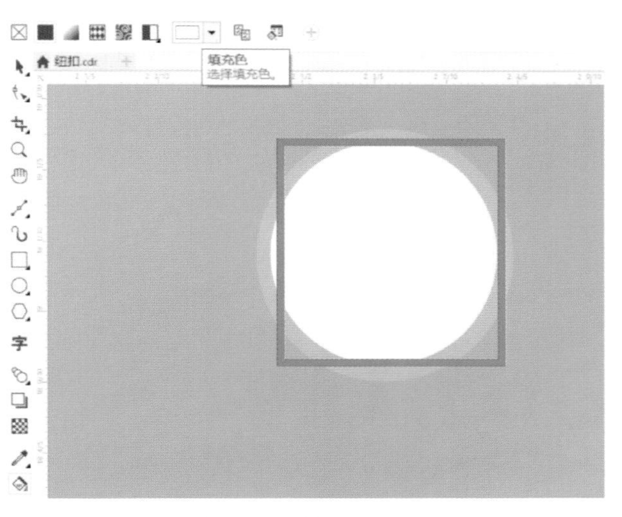

图 4-15　第二层扣眼

（7）绘制光影细节。使用工具箱中的【贝塞尔线】绘制曲线，设置调色盘中的颜色的参数为 C:39、M:67、Y:100、K:16。接着使用工具箱中的【填充工具】-【渐变填充】，选择【线性渐变】-【常规】模式，拖动手柄进行调整。再次选择【贝塞尔线】绘制曲线，单击右键在【调色盘】将颜色设置为白色，同样使用【渐变工具】进行调整，呈现纽扣的基本形效果，结束操作，如图 4-16 所示。

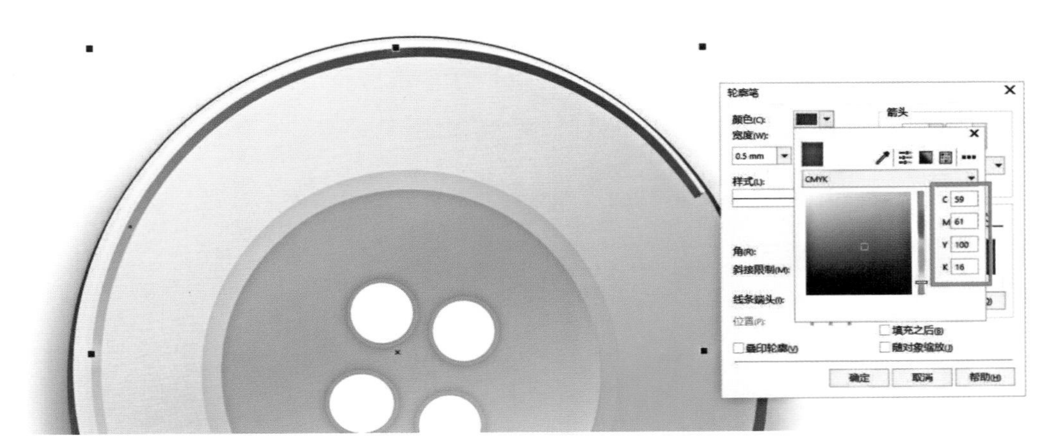

图 4-16　绘制细节

（8）绘制文字。使用工具箱【字体】写出“GOOD BABY”，【字体】为 Bodoni Bd BT，字号为 10pt，如图 4-17 所示。

图 4-17　绘制文字

（9）调整文字弧度。选择【椭圆工具】绘制圆形，选中文字，再选择菜单栏【文本】–【使文本适合路径】，当鼠标箭头变为“十”字和曲线光标后放在圆形上，位置调整好后单击左键，结束操作，如图 4–18 所示。

图 4–18　调整文字弧度

（10）最终效果。使用【挑选工具】选择文字，再选择菜单栏【对象】–【拆分在一路径上的文本】，左键单击空白处，如图 4–19 所示。选择圆形按下键盘【Delete】键删除圆形，把文字放在纽扣上，结束操作，如图 4–20 所示。

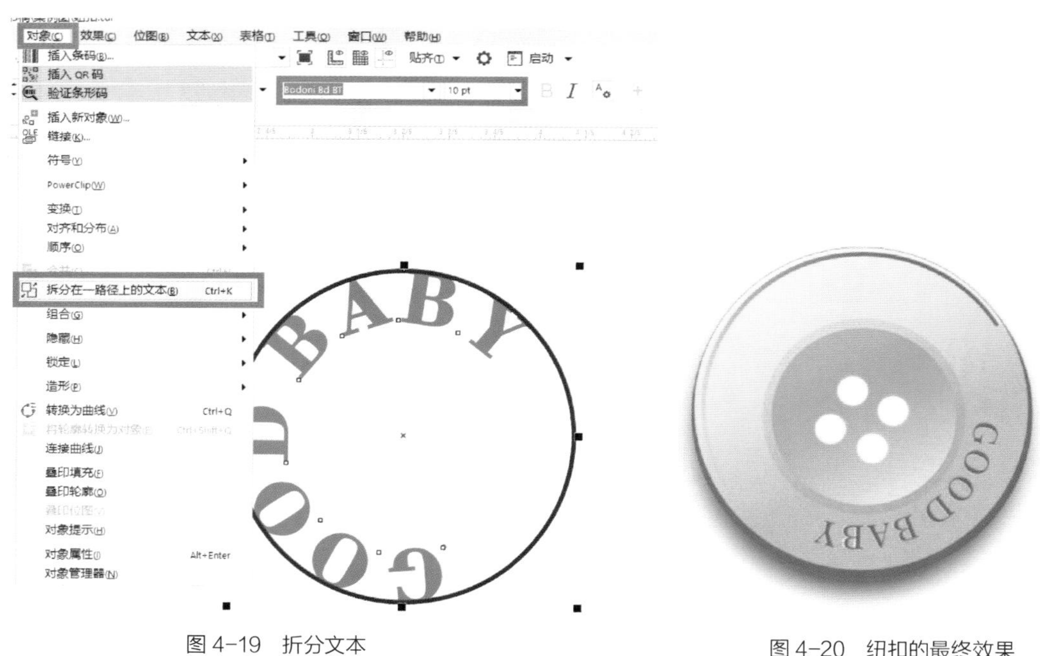

图 4–19　折分文本

图 4–20　纽扣的最终效果

小贴士

创建阴影效果

创建阴影效果的操作方法十分简单，只需选择工作区中要操作的对象，然后选择工具箱中的【阴影】工具，在该对象上按下鼠标并拖动，即显示阴影。拖动至合适位置时释放鼠标，这样就创建了阴影效果。

创建阴影效果后，通过拖动阴影效果开始点和阴影效果结束点，可设置阴影效果的形状、大小及角度；通过拖动控制柄中阴影效果的不透明度滑块，可设置阴影效果的不透明度。另外，还可以通过设置【阴影】工具属性栏中的参数选项进行调整。

【预设列表】选项：单击该按钮，在弹出的下拉列表中可以选择预设阴影选项。

【阴影偏移】选项：用于设置阴影和对象之间的距离。

【阴影角度】选项：用于设置阴影效果起始点与结束点之间构成的水平角度的大小。

【阴影延展】选项：用于设置阴影效果向外的延伸程度。可以直接在数值框中输入数值，也可以单击其选项按钮通过移动滑块进行调整。滑块向右移动越多，阴影效果向外延伸越远。

【阴影淡出】选项：用于设置阴影效果的淡化程度。可以直接在数值框中输入数值，也可以单击其选项按钮通过移动滑块进行调整。滑块越向右移动，阴影效果的淡化程度越大；滑块越向左移动，阴影效果的淡化程度越小。

【阴影的不透明度】选项：用于设置阴影效果的不透明度，其数值越大，不透明度越高，阴影效果也就越强。

【阴影羽化】选项：用于设置阴影效果的羽化程度，取值范围为 0 ~ 100。

【羽化方向】选项：用于设置阴影羽化的方向。单击该按钮，在弹出的下拉列表中可以根据需要选择【高斯式模糊】、【向内】、【中间】、【向外】、【平均】。

【羽化边缘】选项：用于设置羽化边缘的效果类型。单击该按钮，在弹出的下拉列表中可以根据需要选择【线性】、【方形的】、【反白方形】、【平面】。

【阴影颜色】选项：用于设置阴影的颜色。

【合并模式】选项：单击该按钮，在弹出的下拉列表中可以选择阴影颜色与下层对象颜色的调和方式。

第三节　拉链的设计

拉链的设计步骤如下。

（1）创建新文档。

（2）绘制拉链的基本形状。选择工具箱【矩形工具】绘制正方形，设置【对象大小】长宽均为 1cm，设置【圆角半径】为 0.2cm，左键单击【挑选工具】，结束操作。复制出一个矩形，适当缩小，将两个矩形部分相交，如图 4–21 所示。左键框选两个矩形，左键点击属性栏【合并】，结束操作。选择矩形，点选工具箱【形状工具】，拖动左键框选交点处的两个节点，按键盘上的【Delete】键删除节点，如图 4–22 所示。

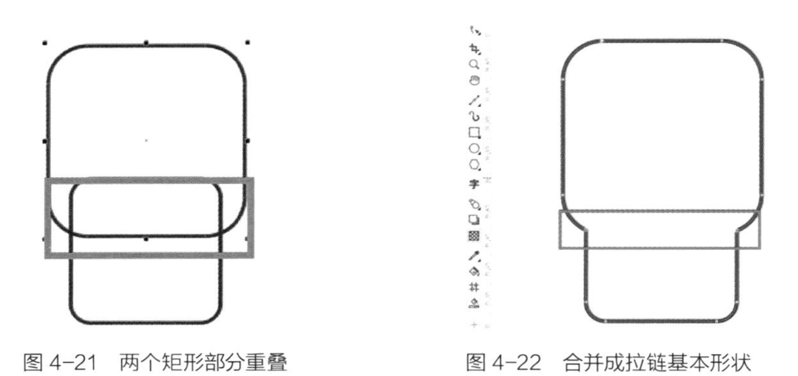

图 4–21　两个矩形部分重叠　　　图 4–22　合并成拉链基本形状

（3）绘制拉链头。使用【矩形工具】绘制长方形，设置【转角半径】为 0.1cm，左键点击【挑选工具】结束操作。拖动左键框选全部内容，选择【窗口】–【泊坞窗】–【对齐与分布】，选择【水平居中】，结束操作，如图 4–23 所示。

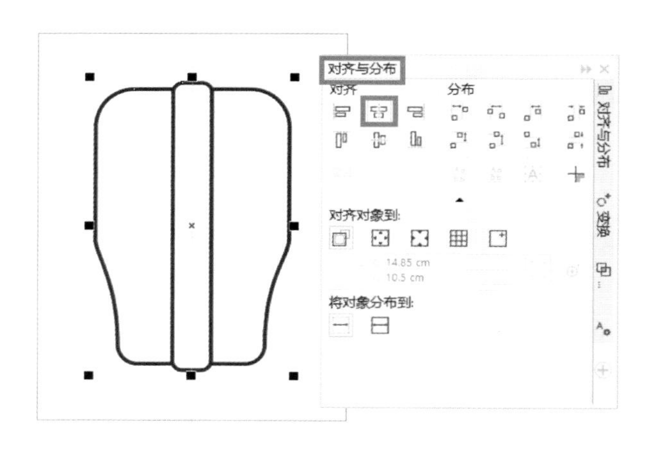

图 4–23　绘制拉链头

（4）绘制拉链环。使用工具箱中的【椭圆工具】和【矩形工具】绘制出椭圆和矩形，设置矩形为圆角，放置在一起呈部分重叠状，单击左键框选将其合并，删除重叠处的节点，结束操作，方法同步骤（3），如图 4–24 所示。再次使用【椭圆工具】和【矩形工具】绘制出圆形和矩形，并与之前的图形重叠放置。单击左键框选全部图形并对齐，结束操作。

再次拖动左键框选全部图形，使用【造型】–【修剪】，点选【修剪】，再点选图形，结束操作，如图 4–25 所示。

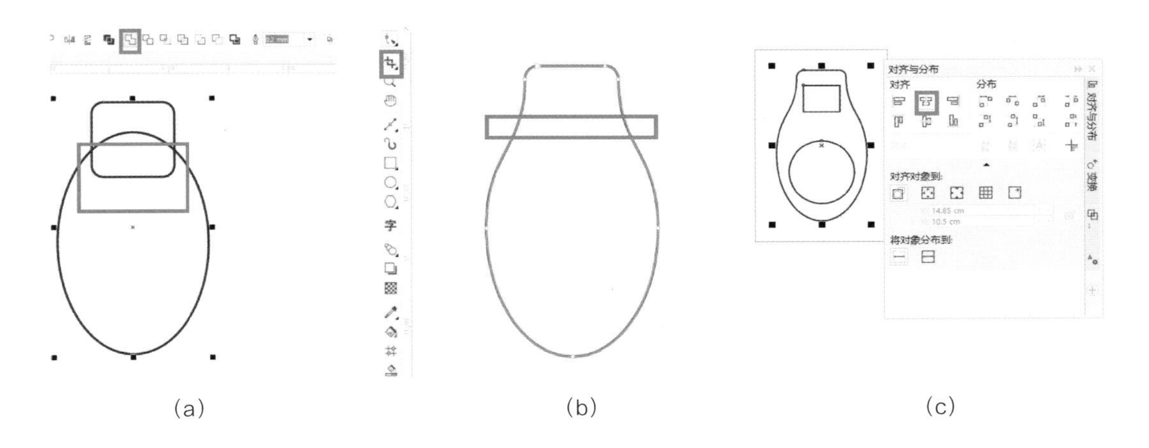

图 4–24　绘制拉链环基本形状

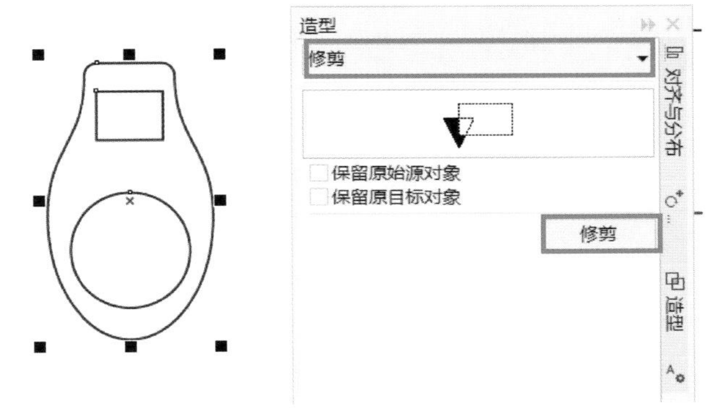

图 4–25　绘制拉链环

（5）填充拉链头。选择工具箱【填充工具】–【渐变填充】，选择【矩形渐变填充】，设置最深的颜色参数为 C:30、M:40、Y:99、K:0，然后依次增加 4 个点，中间的颜色为白色，适当调节其他两个节点的颜色。右键点击调色盘【 × 】形图标，消除轮廓线。

（6）绘制拉链头的阴影。使用工具箱【阴影工具】，设置【阴影不透明度】为 50，设置【阴影羽化】为 1，其他不变，向左斜下方拉箭头，结束操作，如图 4–26 所示。

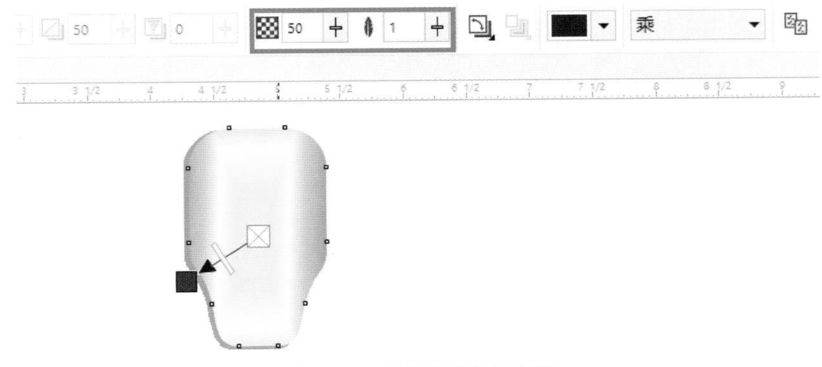

图 4–26　绘制拉链头的阴影

（7）依次填充拉链头其他部位的颜色，方法同步骤（5）、（6），效果如图 4–27 所示。

（8）绘制拉链齿。使用工具箱【椭圆工具】和【矩形工具】绘制椭圆和一窄一宽两个矩形，拖动左键框选全部图形，接着选择【对齐与分布】，选择【垂直居中对齐】，结束操作，如图 4–28 所示。拖动左键框选全部图形，点选属性栏【合并】，结束操作，如图 4–29 所示。

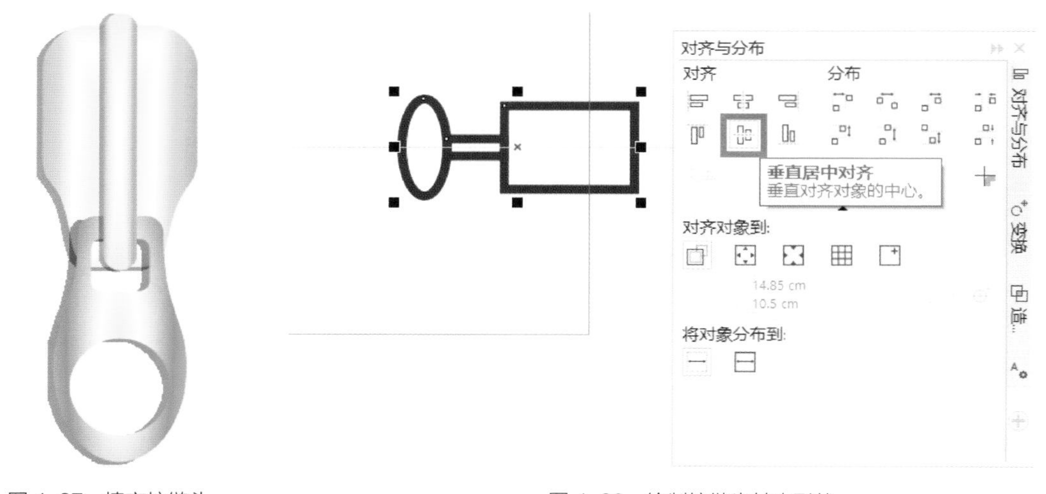

图 4–27　填充拉链头　　　　图 4–28　绘制拉链齿基本形状

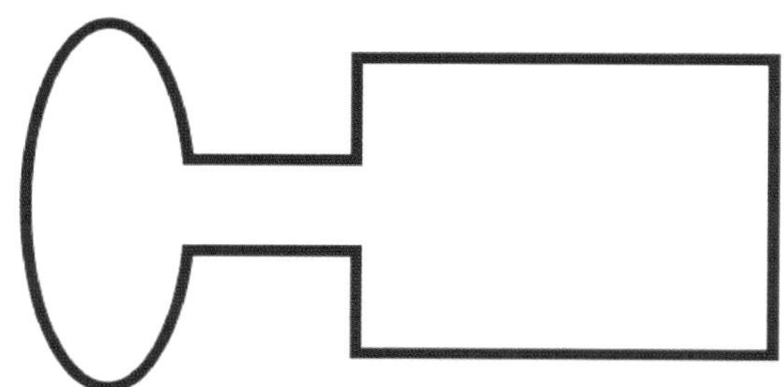

图 4–29　合并基本形状

（9）填充拉链齿。使用工具箱【填充工具】–【渐变填充】，选择【椭圆渐变填充】，使用之前拉链头的颜色填充，结束操作，如图 4–30 所示。

（10）复制拉链齿。复制一个拉链齿，点选属性栏【水平翻转】，将齿头交错放置一起。点击左键框选两个拉链齿，点选属性栏【组合对象】构成一组拉链齿，结束操作，如图 4–31 所示。使用【挑选工具】点选拉链齿，使用【变换】工具，设置【X】为 0.3cm，设置【Y】为 0cm，设置【副本】为 20，多次点击【应用】，结束操作，如图 4–32 所示。

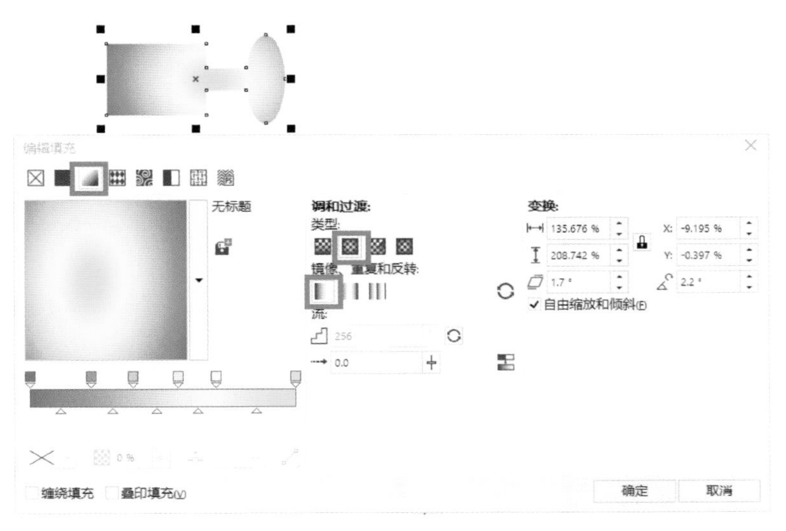

图 4-30　填充拉链齿

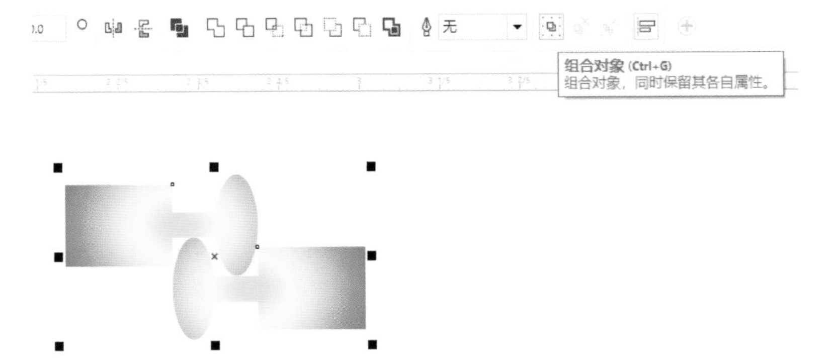

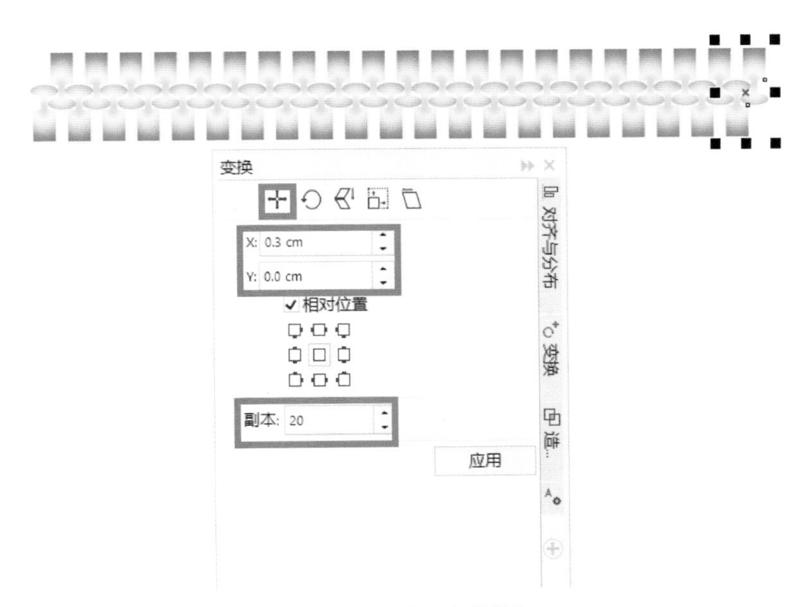

图 4-31　一组拉链齿

图 4-32　绘制一条拉链齿

（11）绘制布带。使用工具箱【矩形工具】绘制窄长形的矩形，填充颜色，参数为R:235、G:233、B:214，在调色盘点击【×】形图标。【挑选工具】点选矩形，按【Shift】

键同时左键点击对角点向里拖动，同时点击鼠标右键，复制一个矩形，左键点选调色盘上的白色，结束操作，如图 4–33 所示。

（12）组合拉链各部位。将各部位放置在一起，最终效果如图 4–34 所示。

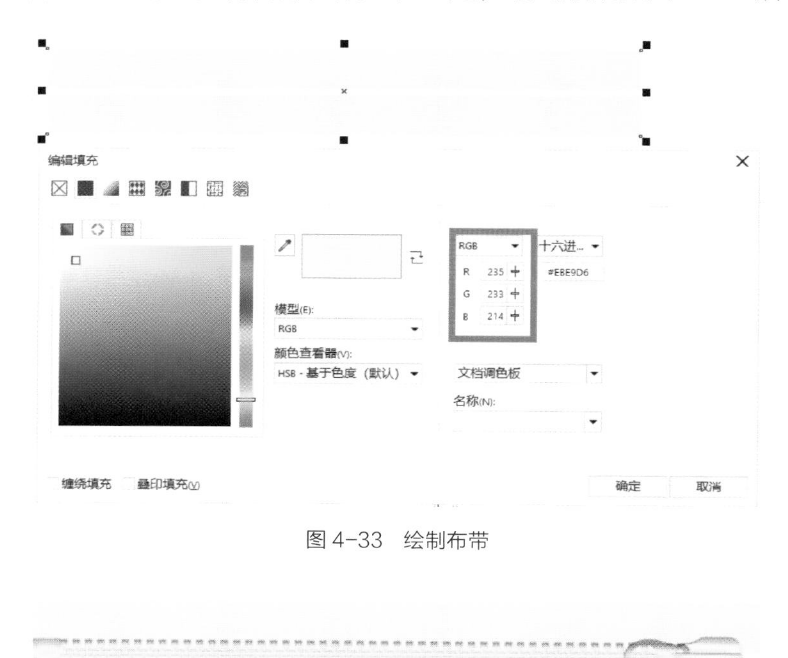

图 4–33　绘制布带

图 4–34　拉链的最终效果

小贴士

【对齐与分布】泊坞窗

使用【选择】工具选中两个或两个以上对象后，选择【对象】–【对齐和分布】–【对齐与分布】命令，或在属性栏中单击【对齐与分布】按钮，打开【对齐与分布】泊坞窗。在选中对象后，单击【对齐】选项区中相应的按钮，即可对齐对象。当单击对齐按钮后，单击泊坞窗中的下三角按钮可以展开更多选项，在【对齐对象到】选项区中可以指定对齐对象的区域。

【活动对象】按钮：单击该按钮，最后选定的对象将成为与其他对象对其的参照点；如果框选对象，则使用位于选定内容左上角的对象作为参照点进行对齐。

【页面边缘】按钮：单击该按钮，使对象与页边对齐。

【页面中心】按钮：单击该按钮，使对象与页面中心对齐。

【网格】按钮：单击该按钮，使对象与最接近的网格线对齐。

【指定点】按钮：单击该按钮后，在指定坐标框中输入数值，使对象与指定点对齐。

在【对齐与分布】泊坞窗的【分布】选项区中，单击相应按钮，即可分布选中对象。单击分布按钮后，还可以指定分布对象的区域。

①【左分散排列】按钮：单击该按钮后，从对象的左边缘起以相同间距排列对象。

②【右分散排列】按钮：单击该按钮后，从对象的右边缘起以相同间距排列对象。

③【顶部分散排列】按钮：单击该按钮后，从对象的顶边起以相同间距排列对象。

④【底部分散排列】按钮：单击该按钮后，从对象的底边起以相同间距排列对象。

⑤【水平分散排列中心】按钮：单击该按钮后，从对象的中心起以相同间距水平排列对象。

⑥【垂直分散排列中心】按钮：单击该按钮后，从对象的中心起以相同间距垂直排列对象。

⑦【水平分散排列间距】按钮：单击该按钮后，在对象之间水平设置相同的间距。

⑧【垂直分散排列间距】按钮：单击该按钮后，在对象之间垂直设置相同的间距。

第四节　珠片的设计

珠片的设计步骤如下。

（1）创建新文档。

（2）绘制单个珠片。使用工具箱【椭圆工具】，拖动左键同时按【Ctrl】键，绘制正圆形，结束操作。利用【挑选工具】选择圆形，点击左键拖动对角点向里收缩，同时点击右键，复制一个小圆形，放置在圆心处。选择【泊坞窗】–【造型】–【修剪】，选择小圆形，点击【修剪】，再点击大圆形，结束操作。填充颜色，参数为 C:0、M:0、Y:0、K:80，结束操作，如图 4–35 所示。

图 4–35　绘制单个珠片

（3）绘制阴影效果。选择图形，点击左键拖动图形同时按右键，复制一个图形，填充白色以方便区分。将两个图形微微交错放置，做出圆心和边缘处的阴影效果，如图 4–36 所示。

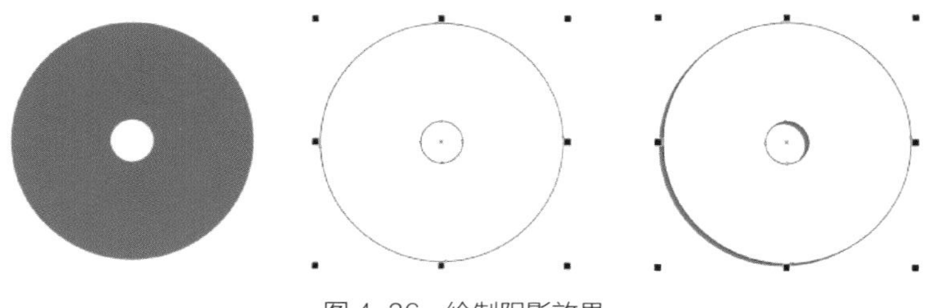

图 4–36　绘制阴影效果

（4）填充珠片颜色。选择工具箱【填充工具】–【渐变填充】，选择【线性填充】，双击手柄线增加 7 个点，左边最深处的颜色参数设为 C:70、M:95、Y:98、K:68，如图 4–37 所示。中心处的节点设置为白色，适当调节中间的颜色，整体颜色左边深、右边浅，如图 4–38 所示。

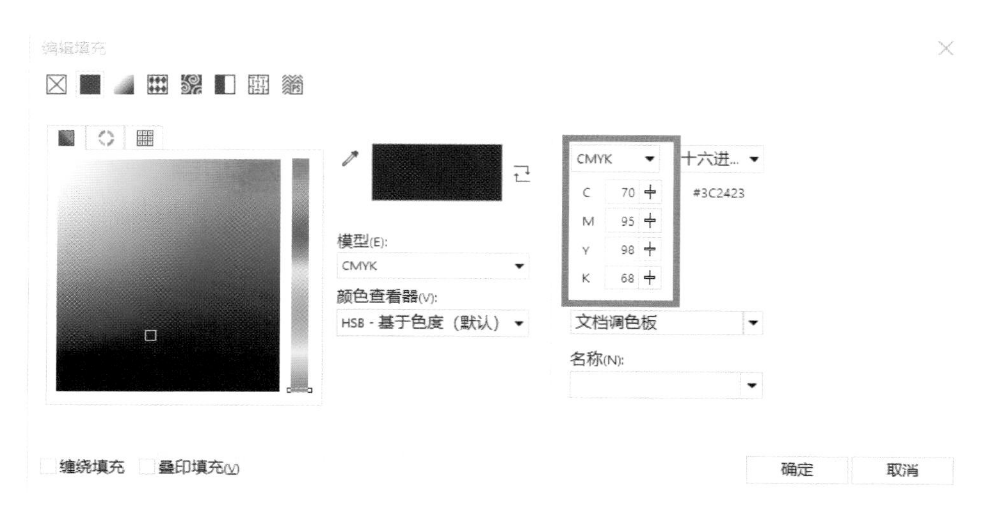

图 4–37　填充颜色

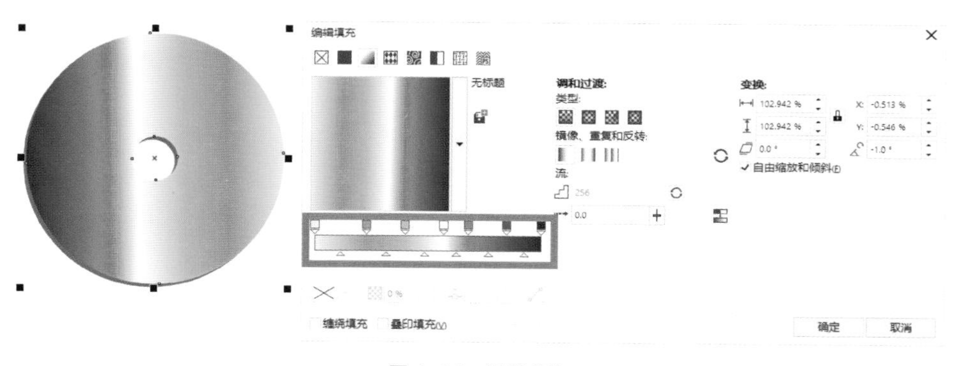

图 4–38　调整颜色

（5）绘制图案轮廓。

①选择工具箱【多边形】–【星形】，按住【Ctrl】键，同时拖动鼠标绘制星形，将

星形的中心拖动至斜下角，选择【变化】–【旋转】，设置【旋转角度】为 30° ，设置【副本】为 1，多次点击【应用】，呈环形时结束操作，如图 4–39 所示。

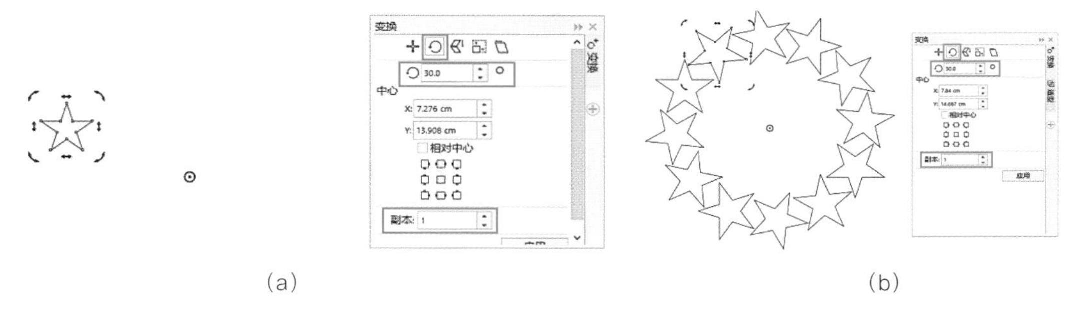

(a)　　　　　　　　　　(b)

图 4–39　绘制图案轮廓 1

②选择【椭圆工具】，在星形图案中间绘制正圆，选择【造型】–【修剪】，点选圆形，点击【修剪】，再点击星形，结束操作。使用【多边形】–【星形】绘制星形，放置在中心处，结束操作，如图 4–40 所示。

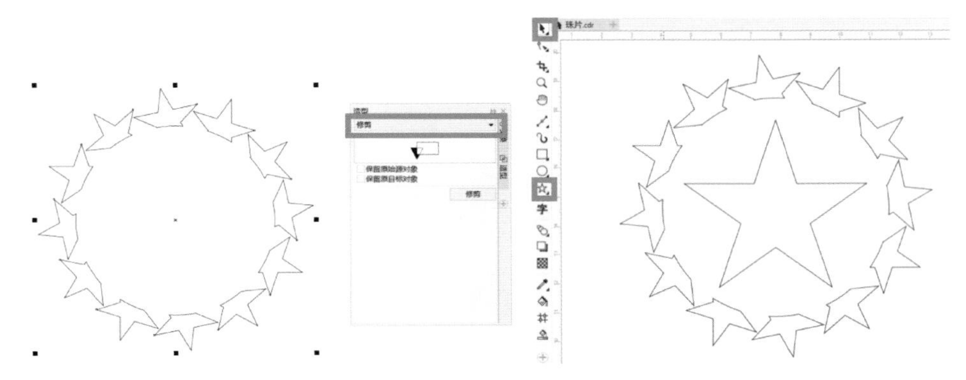

图 4–40　绘制图案轮廓 2

（6）复制珠片。选择珠片，复制一个珠片并移动到一边，使用工具箱中的【调和工具】调和两个珠片，再选择属性栏【路径属性】–【新路径】，点击左键选择图形，点击属性栏【更多调和选项】–【沿全路径调和】，设置属性栏【调和数量】为 60，结束操作，如图 4–41 所示。

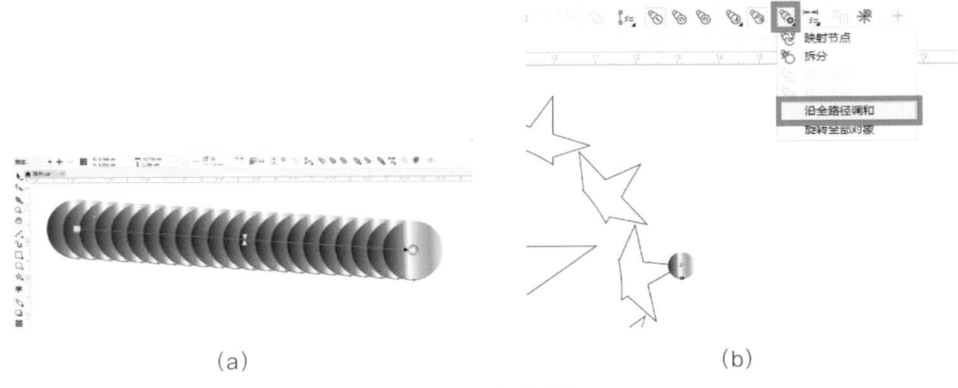

(a)　　　　　　　　　　(b)

图 4–41　复制珠片

（7）图形与珠片叠放。选择图形，点击菜单栏【对象】–【拆分路径群组上的组合】，右键单击底层图形。点选【顺序】–【到页面前面】，在属性栏设置【轮廓宽度】为 0.25mm，【样式】设为虚线，将图形与珠片交叠放置，结束操作，如图 4–42 所示。

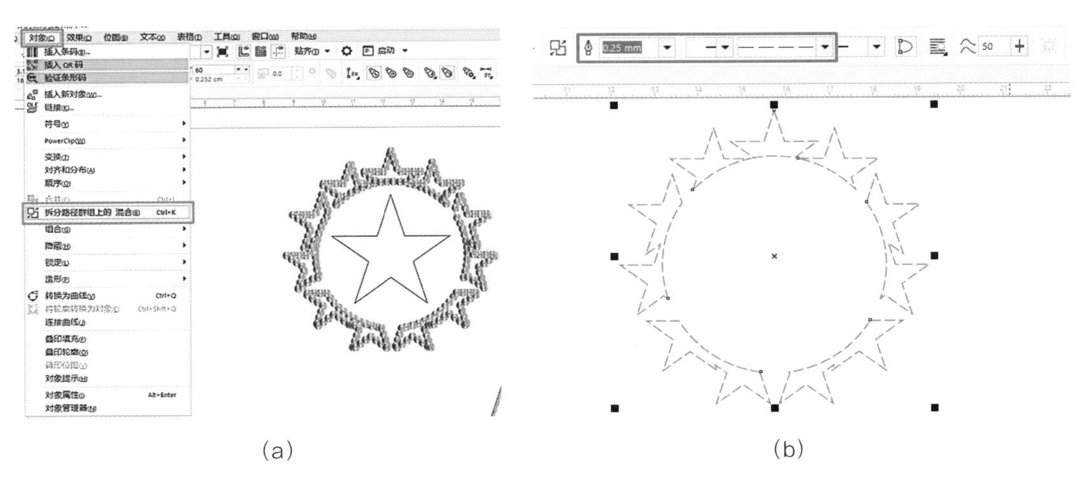

(a)　　　(b)

图 4–42　图形与珠片叠放

（8）填充图形中心处的五角星。填充方法同步骤（7），五角星的最终效果如图 4–43 所示。

图 4–43　五角星的最终效果

小贴士

调和效果

【调和】工具用于两个对象之间经过形状和颜色的渐变，合并两个对象，以创建混合效果。两个对象的混合是沿着两个对象间的路径，以一连串连接图形在两个对象之间创建渐变效果而形成的。这些中间生成的对象会在两个原始对象的形状和颜色之间产生平滑渐变的效果。

1. 创建调和效果

在 CorelDRAW 2017 中，可以创建两个或多个对象之间形状和颜色的调和效果。在应用调和效果时，对象的填充方式、排列顺序和外形轮廓等都会直接影响调和效果。要创建调和效果，先在工具箱中选择【调和】工具，然后单击第一个对象，并按住鼠标将其拖动到第二个对象上，释放鼠标后即可创建调和效果。

2. 控制调和效果

创建对象之间的调和效果后，除了可以通过光标调整调和效果的控件操作外，也可以通过设置【调和】工具属性栏中的相关参数选项来进行调整。在该工具属性栏中，各主要参数选项的作用如下。

【预设列表】选项：在该选项下拉列表中提供了调和预设样式。

【调和对象】选项：用于设置调和效果的调和步数或形状之间的偏移距离。

【调和方向】选项：用于设置调和效果的角度。

【环绕调和】选项：按调和方向在对象之间产生环绕式的调和效果，该按钮只有在为调和对象设置了调和方向后才能使用。

【路径属性】选项：单击该按钮，可以打开该选项菜单，其中包括【新路径】、【显示路径】和【从路径分离】3 个命令。【新路径】命令用于重新选择调和效果的路径，从而改变调和效果中过渡对象的排列形状；【显示路径】命令用于显示调和效果的路径；【从路径分离】命令用于将调和效果的路径从过渡对象中分离。

【直接调和】按钮：直接在所选对象的填充颜色之间进行颜色过渡。

【顺时针调和】按钮：使对象上的填充颜色按色轮盘中顺时针方向进行颜色过渡。

【逆时针调和】按钮：使对象上的填充颜色按色轮盘中逆时针方向进行颜色过渡。

【对象和颜色加速】选项：单击该按钮，弹出【加速】选项，拖动【对象】和【颜色】滑块可调整形状和颜色的加速效果。

单击【加速】选项中的锁定按钮，使其呈锁定状态，表示【对象】和【颜色】同时加速。再次单击该按钮，将其解锁后，可以分别对【对象】和【颜色】进行设置。

【调整加速大小】：单击该按钮，可按照均匀递增式改变加速设置效果。

【更多调和选项】：单击该按钮，可以拆分和融合调和、旋转调和中的对象和映射节点。

【起始和结束对象属性】选项：用于重新设置应用调和效果的起始端和末端对象。在绘图窗口中重新绘制一个用于应用调和效果的图形，将其填充为所需的颜色并取消外部轮廓；选择调和对象后，单击【起始和结束对象属性】按钮，在弹出式选项中选择【新终点】命令，此时光标变为➡状态；在新绘制的图形对象上单击鼠标左键，即可重新设置调和的末端对象。

用户还可以通过【调和】泊坞窗调整创建的调和效果。先选择绘图窗口中应用调和效果的对象，再选择菜单栏中的【窗口】-【泊坞窗】-【效果】-【调和】命令，打开【调和】泊坞窗。在该泊坞窗中，设置调和的步长值和旋转角度，然后单击【应用】按钮即可。单击【调和】泊坞窗底部的 ▼ 按钮，可以打开扩展选项。

【映射节点】按钮：单击该按钮后，单击起始对象上的节点，然后单击结束对象上的节点，即可映射调和的节点。

【拆分】按钮：单击该按钮后，单击要拆分调和的点上的中间对象。需要注意的是，不能在紧挨起始对象或结束对象的中间处拆分调和。

【熔合始端】按钮：单击该按钮，熔合拆分或复合调和中的起始对象。

【熔合末端】按钮：单击该按钮，熔合拆分或复合调和中的结束对象。

【始端对象】按钮：单击该按钮，更改调和的起始对象。

【末端对象】按钮：单击该按钮，更改调和的结束对象。

【路径属性】按钮：单击该按钮，设置对象的调和路径。

将工具切换到【选择】工具，在页面空白位置单击，取消所有对象的选取状态，再拖动调和效果中的起始端对象或末端对象，可以改变对象之间的调和效果。

3. 创建复合调和

使用【调和】工具，从一个对象拖动到另一个调和对象的起始对象或结束对象上，即可创建复合调和；还可以将两个起始对象群组为一个对象，然后使用调和工具进行拖动调和，此时调和的起始节点在两个起始对象中间。

4. 沿路径调和

在对象之间创建调和效果后，可以通过【路径属性】功能，使调和对象按照指定的路径进行调和。使用【调和】工具在两个对象间创建调和后，单击属性栏上的【路径属性】按钮，在弹出的下拉列表中选择【新路径】选项。当光标变为黑色曲线箭头后，使用曲线箭头单击要调和的曲线路径，即可将调和对象按照指定的路径进行调和。

在工具箱中选择【调和】工具，并使用工具选择第一个对象。然后按住【Alt】键，拖动鼠标绘制第二个对象的线条。在第二个对象上释放鼠标，即可沿手绘路径调和对象。

选择调和对象后，选择【对象】-【顺序】-【逆序】命令，可以反转对象的调和顺序。

5. 复制调和属性

当绘图窗口中有两个或两个以上的调和对象时，使用【复制调和属性】功能可以将其中一个调和对象的属性复制到另一个调和对象中，得到具有相同属性的调和效果。

选择需要修改调和属性的目标对象，单击属性栏中的【复制调和属性】按钮，当光标变为黑色箭头时单击用于复制调和属性的源对象，即可将源对象中的调和属性复制到目标对象中。

6. 拆分调和对象

应用调和效果后的对象，可以通过菜单命令将其分离为相互独立的个体。要分离调和对象，可以在选择调和对象后，选择【对象】–【拆分调和群组】命令或按【Ctrl+K】组合键拆分群组对象。分离后的各个独立对象仍保持分离前的状态。

调和对象被分离后，之前用于创建调和效果的起始和末端对象都可以被单独选取，而位于两者之间的其他图形将以群组的方式组合在一起，按【Ctrl+U】组合键即可取消组合，进行下一步操作。

7. 清除调和效果

为对象应用调和效果后，如果不需要再使用此效果，可以清除对象的调和效果，只保留起始和末端对象。选择调和对象后，要清除调和效果，只需选择【效果】–【清除调和】命令，或单击属性栏中的【清除调和】按钮即可。

第五节　花边的设计

花边的设计步骤如下。

（1）创建新文档。

（2）绘制圆形。使用工具箱【椭圆工具】，同时按【Ctrl】键绘制正圆，填充颜色，参数为C:0、M:60、Y:100、K:0，右键单击调色盘白色，使轮廓线为白色，结束操作，如图4–44所示。

（3）绘制图案轮廓。使用工具箱【椭圆工具】绘制椭圆，双击椭圆，将圆心放在斜下方，选择【变换】–【选择】，设置【旋转角度】30°，【副本】设为1，多次点击【应用】，直到呈圆圈为止，结束操作。将两个图形叠放在一起，框选全部图形，在属性栏点选【组合对象】，结束操作，如图4–45所示。

（4）再次绘制椭圆。设置轮廓线的颜色，参数为C:0、M:60、Y:100、K:0，结束操作。再次双击椭圆，将圆心放在斜下方，选择【变换】–【选择】，设置【旋转角度】30°，【副本】设为1，多次点击【应用】，直到呈圆圈为止，结束操作。将图形叠放在一起，效果如图4–46所示。

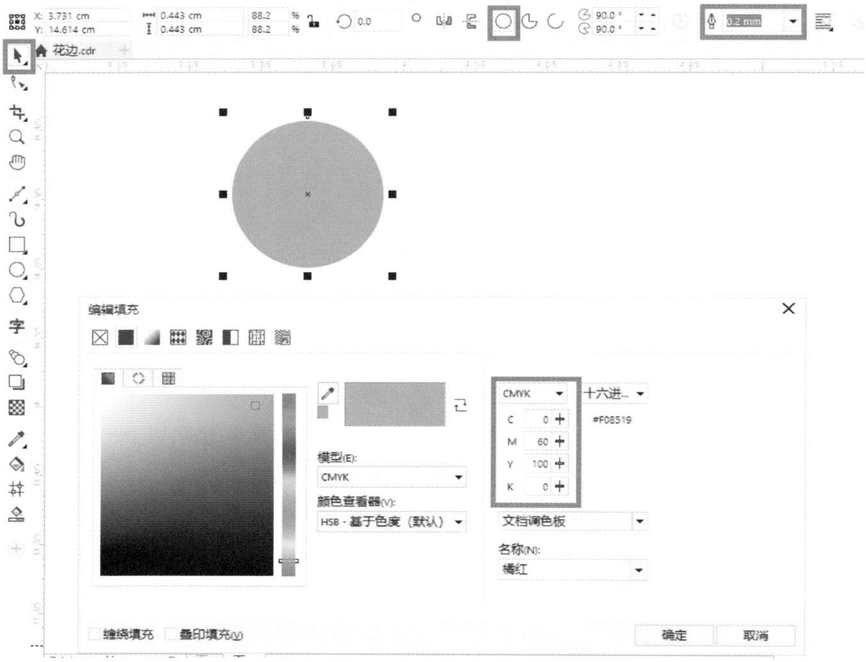

图 4-44　绘制圆形

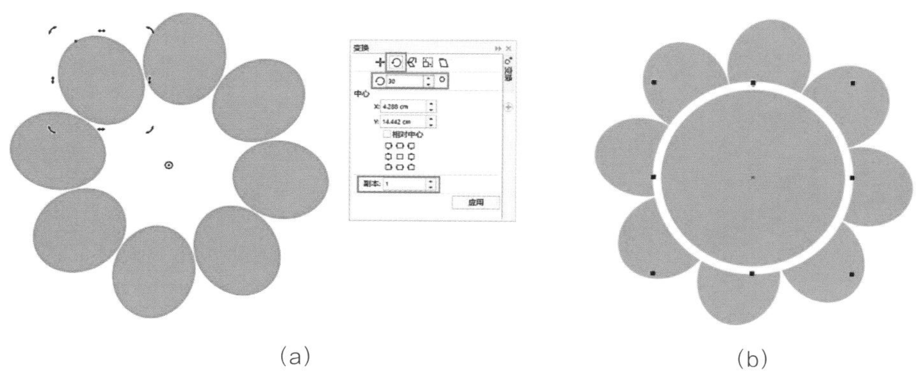

(a)　　(b)

图 4-45　绘制图案轮廓

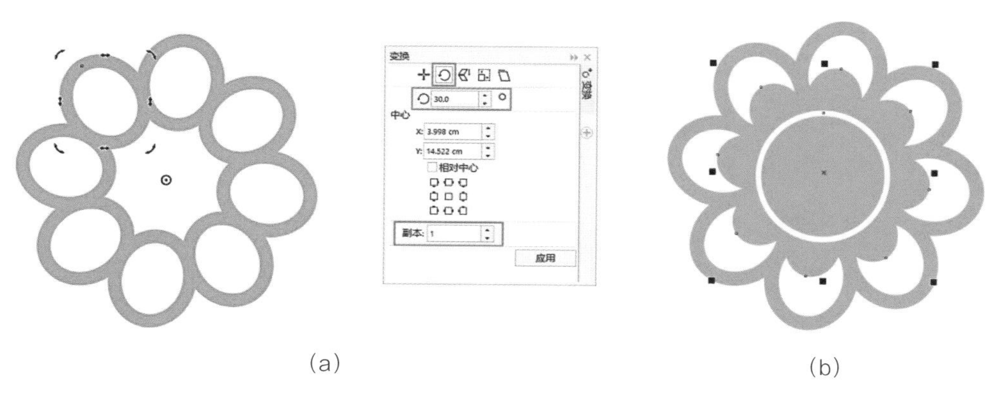

(a)　　(b)

图 4-46　再次绘制椭圆

（5）绘制花边。使用工具箱【矩形工具】，绘制窄长状的矩形，设置轮廓线颜色为 C:0、M:60、Y:100、K:0，结束操作。选择花卉图形，使用【变换】–【位置】，设置【X】

为 2cm,【Y】设为 0cm,【副本】设为 14,点击【应用】,结束操作,如图 4–47 所示。

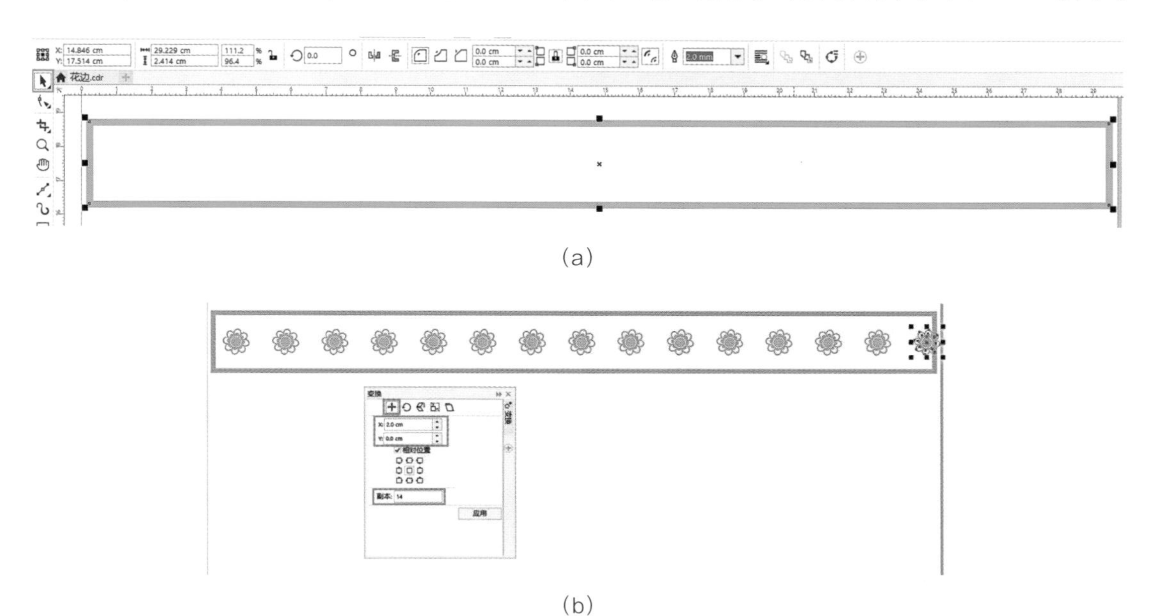

(a)

(b)

图 4–47　绘制花边

(6)对图形进行微调,最终效果如图 4–48 所示。

图 4–48　最终效果

第六节　服装吊牌的设计

服装吊牌的设计步骤如下。

(1)创建新文档。

(2)绘制吊牌基本型。

①绘制正牌。使用工具箱【矩形工具】绘制矩形,设置【对象大小】为 4.6cm 和 12cm,设置圆角为 0.5cm,另外复制出 4 个矩形备用,结束操作。

②绘制副牌。再次使用【矩形工具】绘制矩形,设置【对象大小】为 4.5cm 和 9cm,另外复制出 2 个备用,结束操作,如图 4–49 所示。

(3)填充正牌。填充的颜色参数为 C:65、M:100、Y:78、K:59,结束操作。将另外一个矩形填充 90% 黑色。将两个矩形微微错开交叠放置,以做出正牌的阴影效果,如图 4–50 所示。

(4)绘制扣眼。

①使用工具箱【椭圆工具】,按住【Ctrl】键同时拖动左键绘制正圆形,点选属性栏【转

换为曲线】，设置【轮廓宽度】为 0.75mm，复制出一个圆形备用，结束操作。将其中一个圆形缩小，再右键单击调色盘中的白色使轮廓呈白色，如图 4–51 所示。

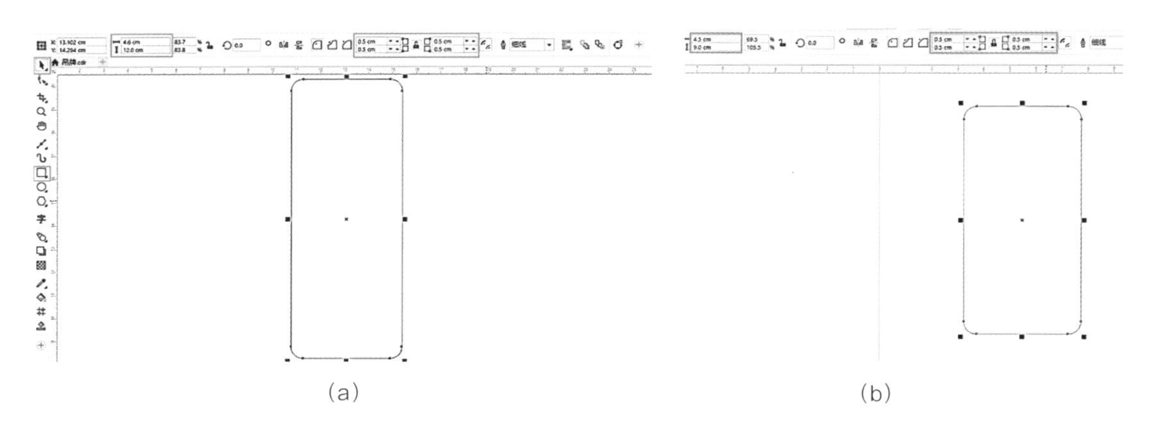

(a)　　　　(b)

图 4–49　绘制吊牌基本型

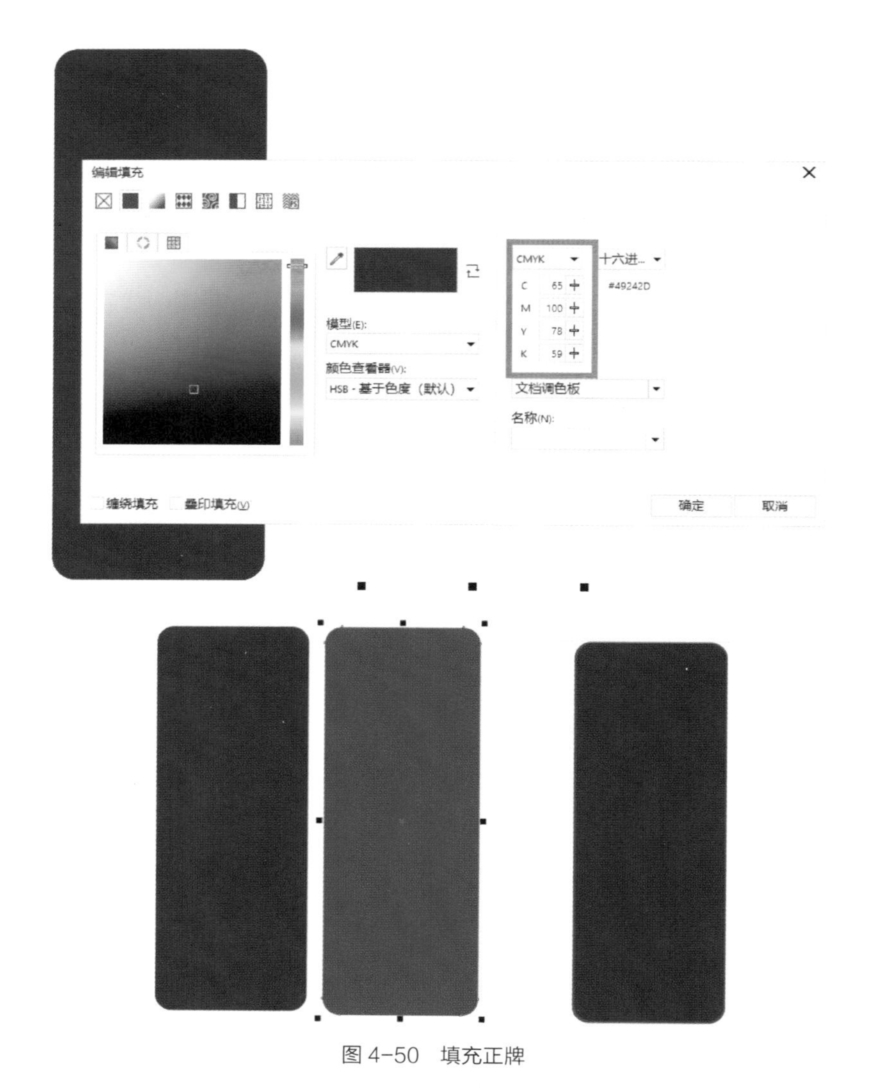

图 4–50　填充正牌

②使用工具箱【调和工具】调和两个圆形，选择【挑选工具】，点击空白处，再点击白色圆形，将其拖至与黑色圆形重合，结束操作。再次绘制正圆形，使用工具箱【填

充工具】–【渐变填充】，选择【线性填充】，通过拖动手柄调节圆形的颜色，结束操作，如图 4–52 所示。

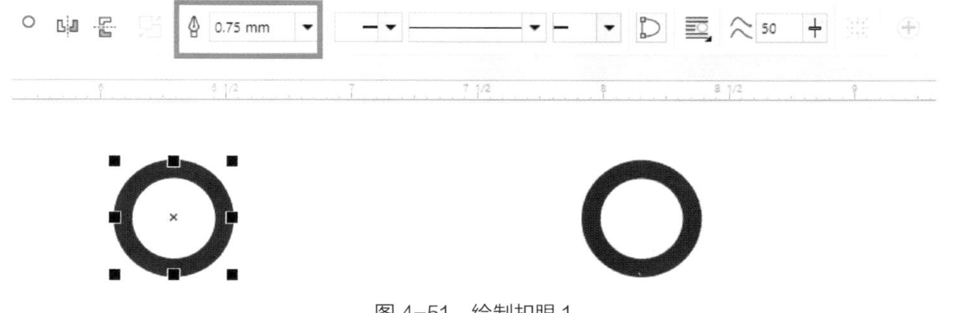

图 4–51　绘制扣眼 1

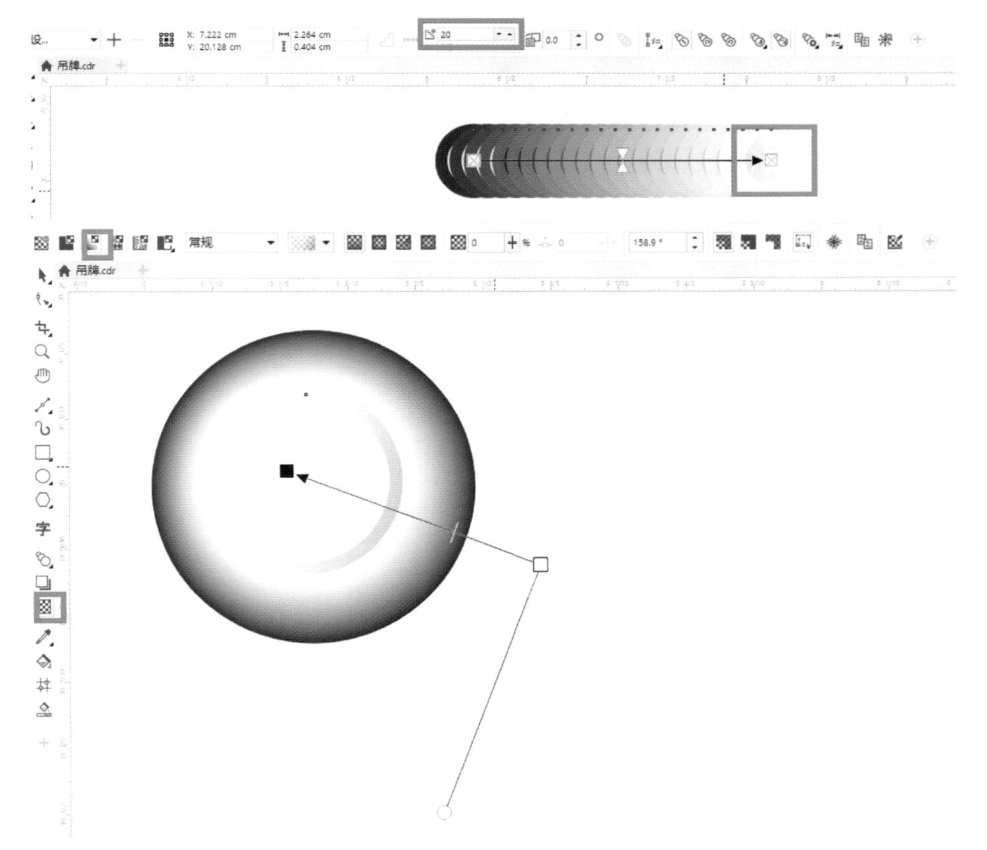

图 4–52　绘制扣眼 2

（5）绘制矩形。使用工具箱【矩形工具】绘制矩形，并填充矩形颜色的参数为 C:51、M:100、Y:79、K:33，结束操作。选择工具箱【手绘工具】绘制斜线，并右键单击调色盘，设置颜色的参数为 C:65、M:100、Y:78、K:59，改变轮廓的颜色，选择【变换】–【位置】，设置【X】为 1cm，设置【Y】为 0cm，设置【副本】为 20，点击【应用】，结束操作。点击左键框选所有斜线，点选属性栏【组合对象】，复制一排斜线，点选属性栏【水平翻转】，将两排直线交叉放置，框选全部斜线，再点选属性栏【组合对象】，复制一排斜线，分别放置矩形的上、下两端，结束操作，如图 4–53 所示。

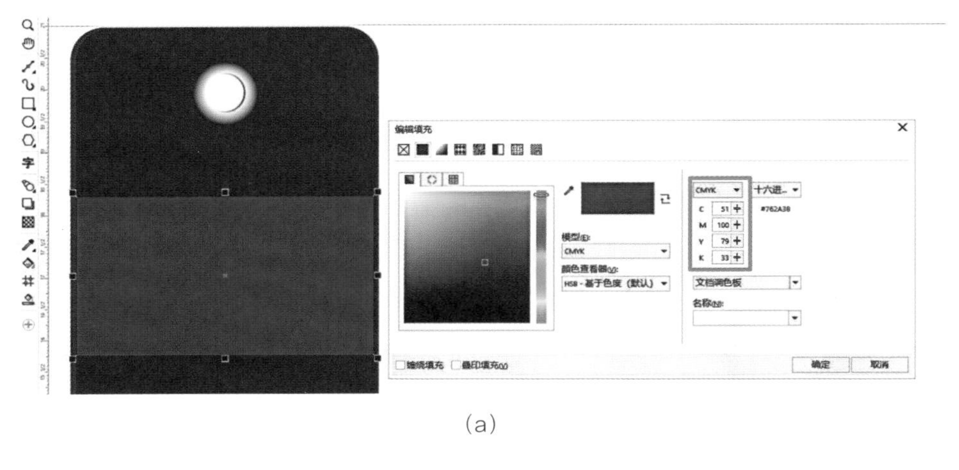

(a)

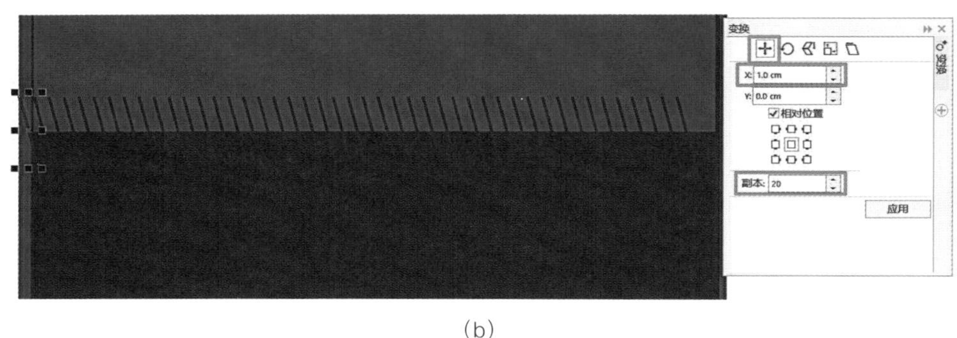

(b)

图 4-53　绘制矩形

（6）添加文字。使用工具箱【字体】，左键单击空白处输入文字，字体设为 poplar Std，字号设为 12pt，如图 4-54 所示。

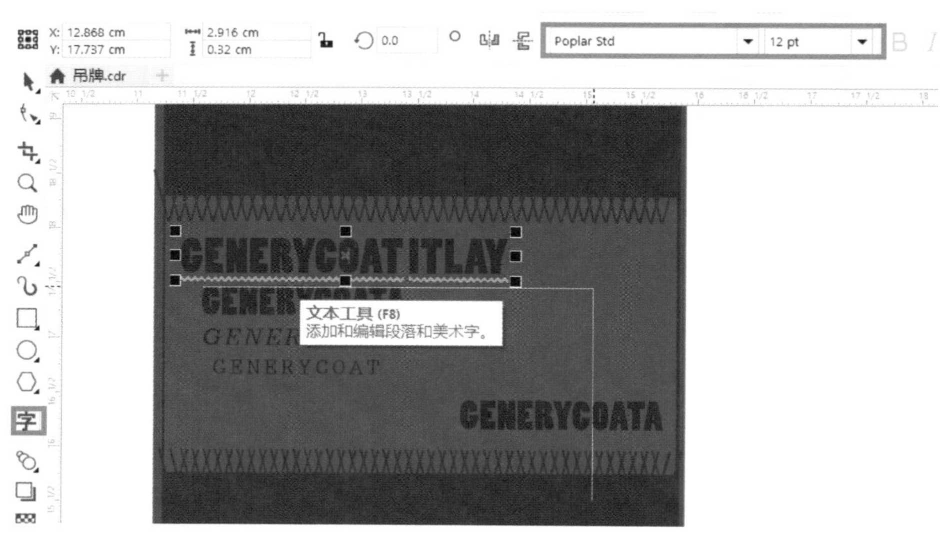

图 4-54　添加文字

（7）绘制图文框。使用工具箱中的【矩形工具】绘制矩形，再使用【椭圆工具】绘制 4 个正圆形，分别放在矩形的四个角。单击左键框选圆形和矩形，选择【造型】-【修剪】，点击【修剪】，再点击图形，如图 4-55 所示。

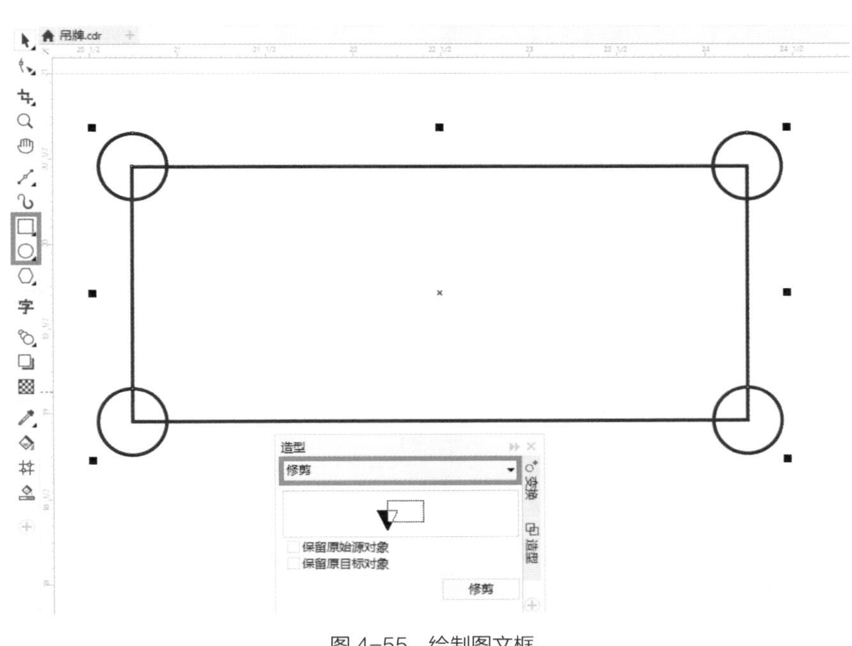

图 4-55　绘制图文框

（8）填充图文框。填充颜色，参数为 C:3、M:25、Y:40、K:0，如图 4-56 所示。

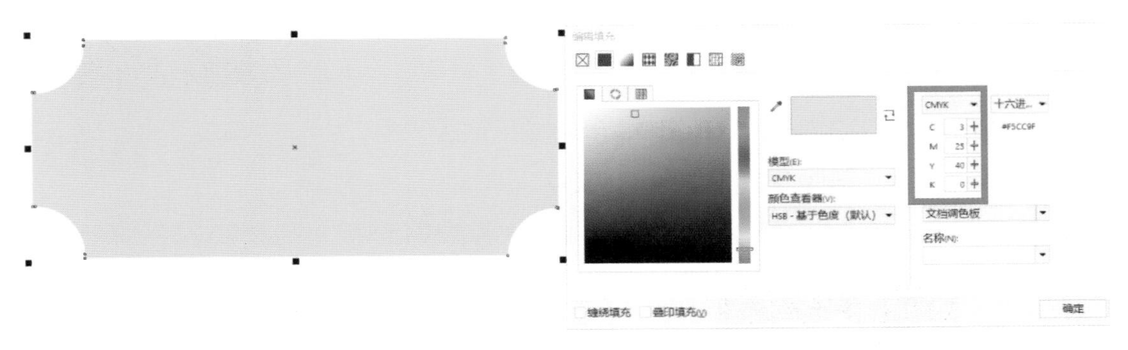

图 4-56　填充图文框

（9）绘制圆形。按住【Shift】键和左键，将图形的对角点向外拖动，再单击右键，结束操作。单击调色盘上的【×】图标，右键单击调色盘，设置颜色参数为 C:3、M:25、Y:40、K:0，结束操作。使用【椭圆工具】绘制四个正圆形，分别放在四个角，结束操作，效果如图 4-57 所示。

图 4-57　绘制圆形

（10）添加文字。选择工具箱【字体】，字体和字号分别为“楷体，16pt”“宋体，24pt”“News701 BT，14pt”“MV Boli，14pt”“Candara，12pt”。单击左键在空白处输入文字，将文字放在合适的位置后结束操作。正牌的正面效果如图 4–58 所示。

（11）绘制正牌的背面。方法同步骤（10），效果图如图 4–59 所示。

（12）填充副牌。利用【挑选工具】选择副牌，填充颜色参数为 C:3、M:14、Y:6、K:0，点击【×】图标消除轮廓色，结束操作。再选择工具箱【椭圆工具】，按住【Ctrl】键和左键绘制正圆形，填充白色并消除轮廓色，将其作为扣眼，结束操作。点击左键框选副牌和圆形扣眼，选择【对齐与分布】–【垂直居中对齐】，如图 4–60 所示。

（13）副牌添加文字。选择工具箱中的【字体】，字体和字号设为“Adobe Arabic，10pt”“Kaufmann BT，10pt”“Adobe Arabic，6pt”“News701 BT，14pt”“Candara，12pt”。点击空白处输入文字，结束操作。插入二维码图片。左键框选副牌上的所有内容，选择【对齐与分布】–【垂直居中对齐】，结束操作。用同样的方法制作副牌背面，如图 4–61 所示。

(a)

(b)

图 4–58 添加文字

(a)

(b)

图 4–59 绘制吊牌背面

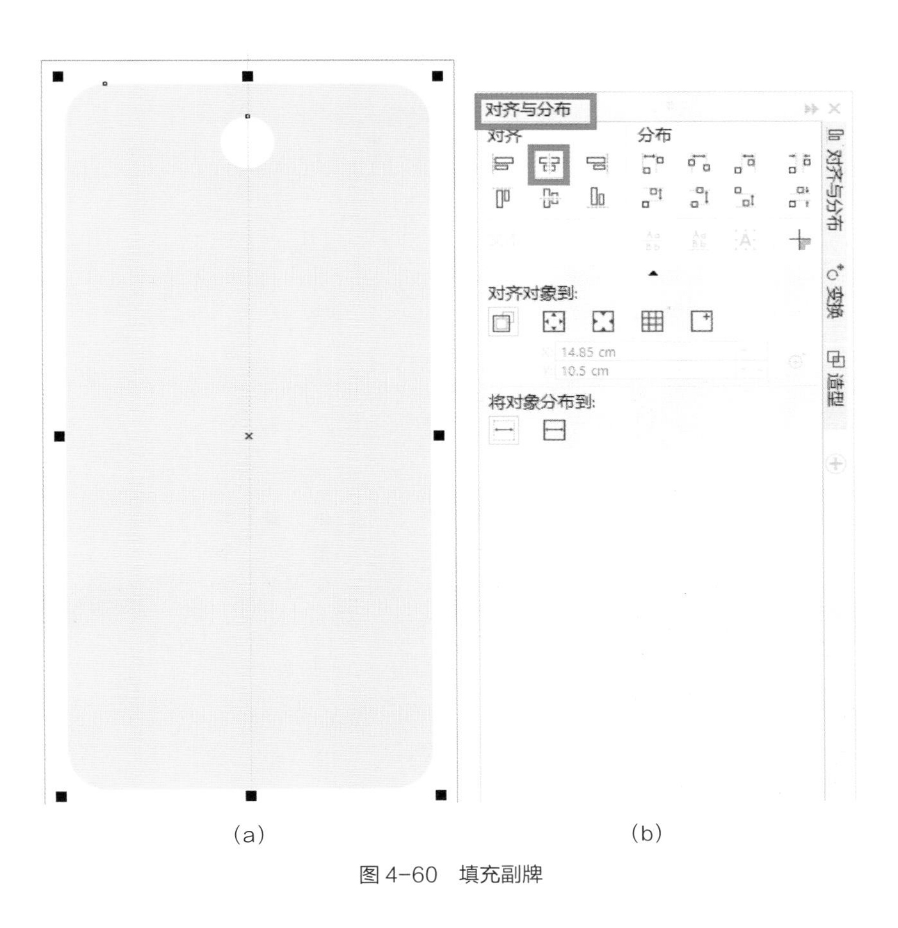

(a)　　　　　　　　(b)

图 4-60　填充副牌

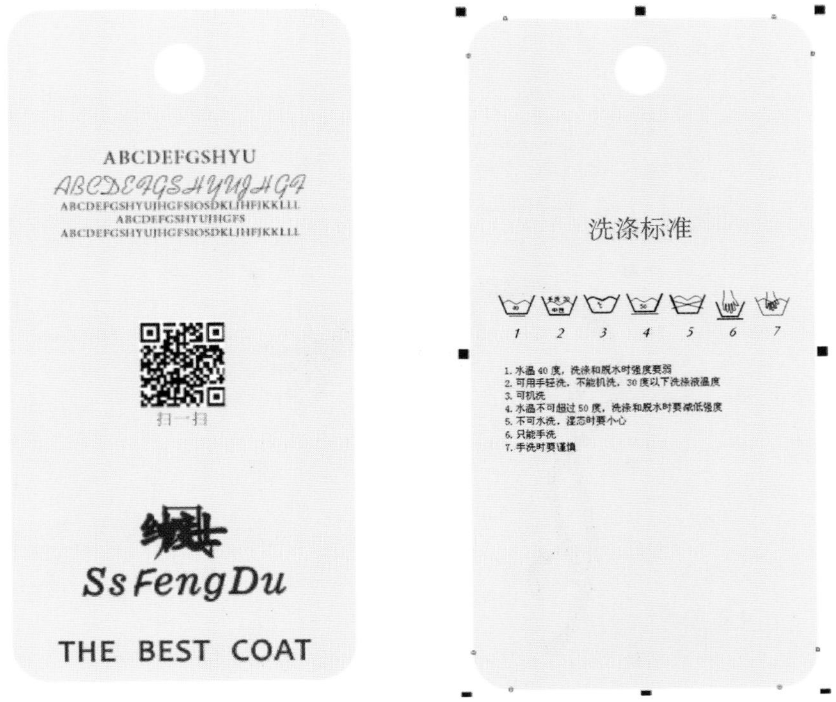

图 4-61　副牌添加文字

（14）将副牌和正牌交叠在一起。利用【挑选工具】选择副牌，双击副牌并旋转，如图 4-62 所示。

（15）绘制吊牌的绳带。

①使用工具箱【贝塞尔线】绘制出绳带的弧线，通过拖动节点的手柄调节线条的弧度，也可适当增加或删除节点，直至效果如图 4-63 所示，结束操作。

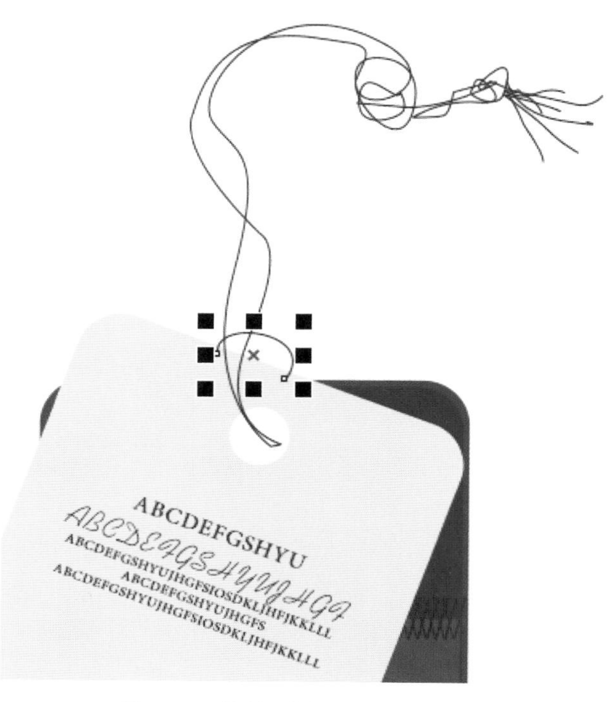

图 4-62　正、副牌部分重叠

图 4-63　绘制吊牌的绳带 1

②选择绘制好的线条，设置【轮廓宽度】为 1.5mm，结束操作。将绘制好的正牌（正面、背面）、副牌（正面、背面）排列整齐，结束操作，如图 4-64 所示。

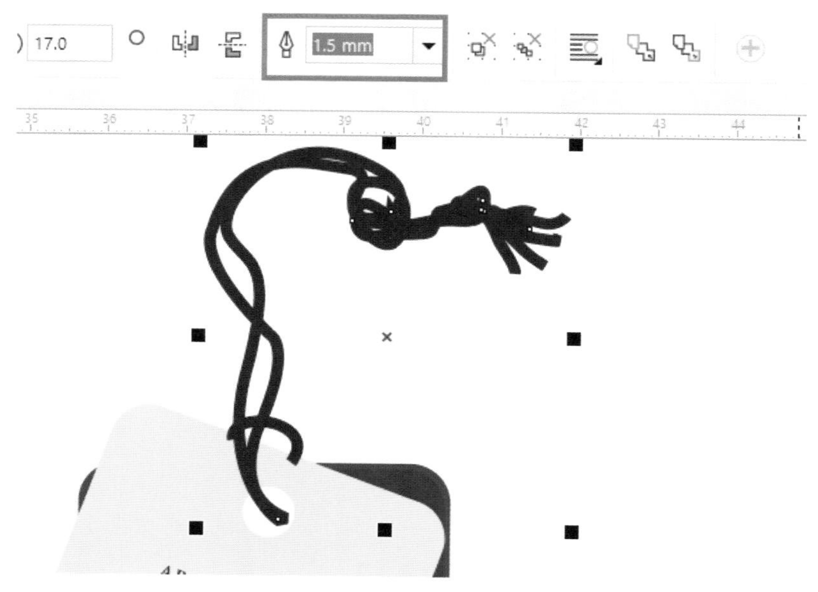

图 4-64　绘制吊牌的绳带 2

（16）最终效果如图 4-65 所示。

(a)正、副吊牌组合

(b)主牌正面

(c)主牌背面

(d)副牌正面

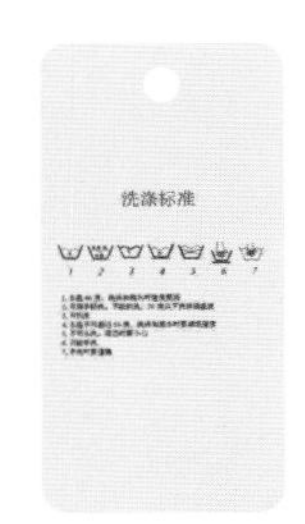

(e)副牌背面

图 4-65　最终效果

小贴士

添加、删除节点

在 CorelDRAW 2017 中，可以通过添加节点将曲线形状调整得更加精确；也可以通过删除多余的节点使曲线更加平滑。增加节点时，将增加对象线段的数量，从而使对象形状更加精确。删除选定节点则可以简化对象形状。

使用【形状】工具在曲线对象需要增加节点的位置双击，即可增加节点；使用【形状】工具在需要删除的节点上双击，即可删除节点。

要添加、删除曲线对象上的节点，也可以通过单击工具属性栏中的【添加节点】按钮和【删除节点】按钮来完成操作。使用【形状】工具在曲线上单击需要添加节点的位置，然后单击【添加节点】按钮即可添加节点。选中节点后，单击【删除节点】按钮即可删除节点。

当曲线对象包含许多节点时，对它们进行编辑并输出将非常困难。在选中曲线对象后，使用属性栏中的【减少节点】功能可以使曲线对象中的节点数自动减少。减少节点数时，将移除重叠的节点并可以平滑曲线对象。该功能对于减少从其他应用程序中导入的对象中的节点数特别适用。

用户也可以在使用【形状】工具选取节点后，单击鼠标右键，在弹出的命令菜单中选择相应的命令来添加、删除节点。

思考与练习

1. 服装辅料主要包括哪些种类?

2. 设计并绘制一款塑胶拉链。

3. 设计并绘制一款女士夏装花边。

第五章

服饰配件的设计及案例

章节导读

- 钱包的设计
- 首饰的设计
- 帽子的设计
- 围巾的设计
- 腰带的设计
- 鞋子的设计

第一节　钱包的设计

钱包的设计步骤如下。

（1）创建新文档。

（2）导入图片并勾勒钱包的基本型。（本章后续导入图片及绘制基本轮廓线均依此步骤操作，不再赘述。）

①在菜单栏选择【文件】–【导入】，在对话框中选择图片，点击【导入】，当鼠标变化后点击空白处，结束操作。

②选择工具箱【贝赛尔线】，根据原图形绘制出基本轮廓线，如图 5–1 所示。

（3）填充基本色。

①使用【挑选工具】点选包盖图形，选择工具箱中的【填充工具】–【均匀填充】，

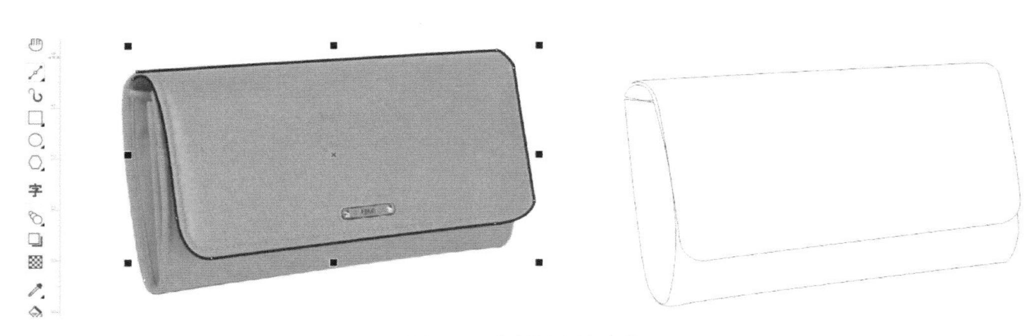

图 5-1　绘制基本轮廓线

设置颜色参数为 R:166、G:64、B:27，右键单击调色盘【 × 】形图标消除轮廓线，结束操作，如图 5-2 所示。

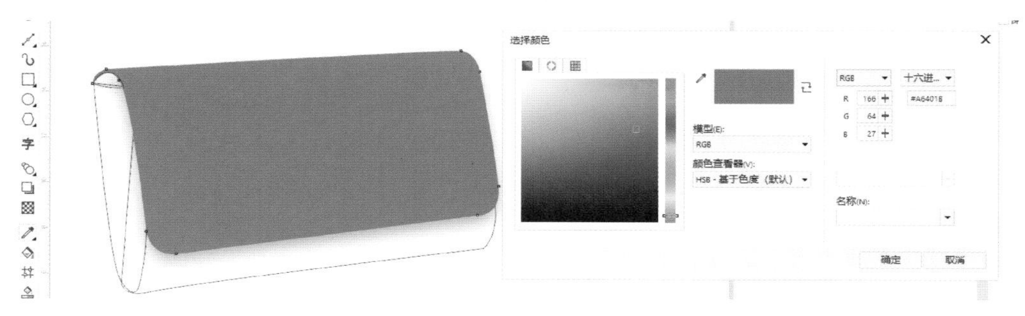

图 5-2　填充包盖

②选择工具箱中的【阴影工具】，再点选图形，按住左键向下拖动手柄，设置【阴影的不透明度】为 50，【阴影羽化】为 15，结束操作，如图 5-3 所示。

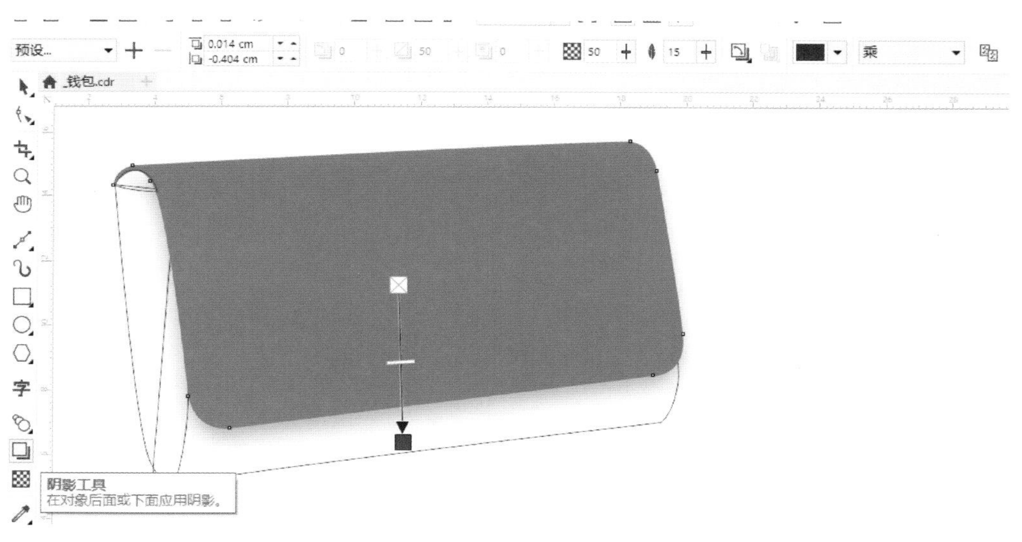

图 5-3　设置包盖阴影

③复制一个包盖图形并填充颜色，参数为 R:247、G:106、B:52，将两个图形交叠放置在一起，做出包盖的阴影，结束操作，如图 5-4（a）所示。

④点击左键选中包身，填充颜色，参数为 R:207、G:80、B:33，结束操作，如图 5-4（b）所示。点击左键选中包的侧面，填充颜色，参数为 R:241、G:91、B:38，

结束操作，如图 5–4（c）所示。

⑤在缝隙处点击鼠标左键，填充颜色，参数为 R:128、G:41、B:10，结束操作，如图 5–4（d）所示。

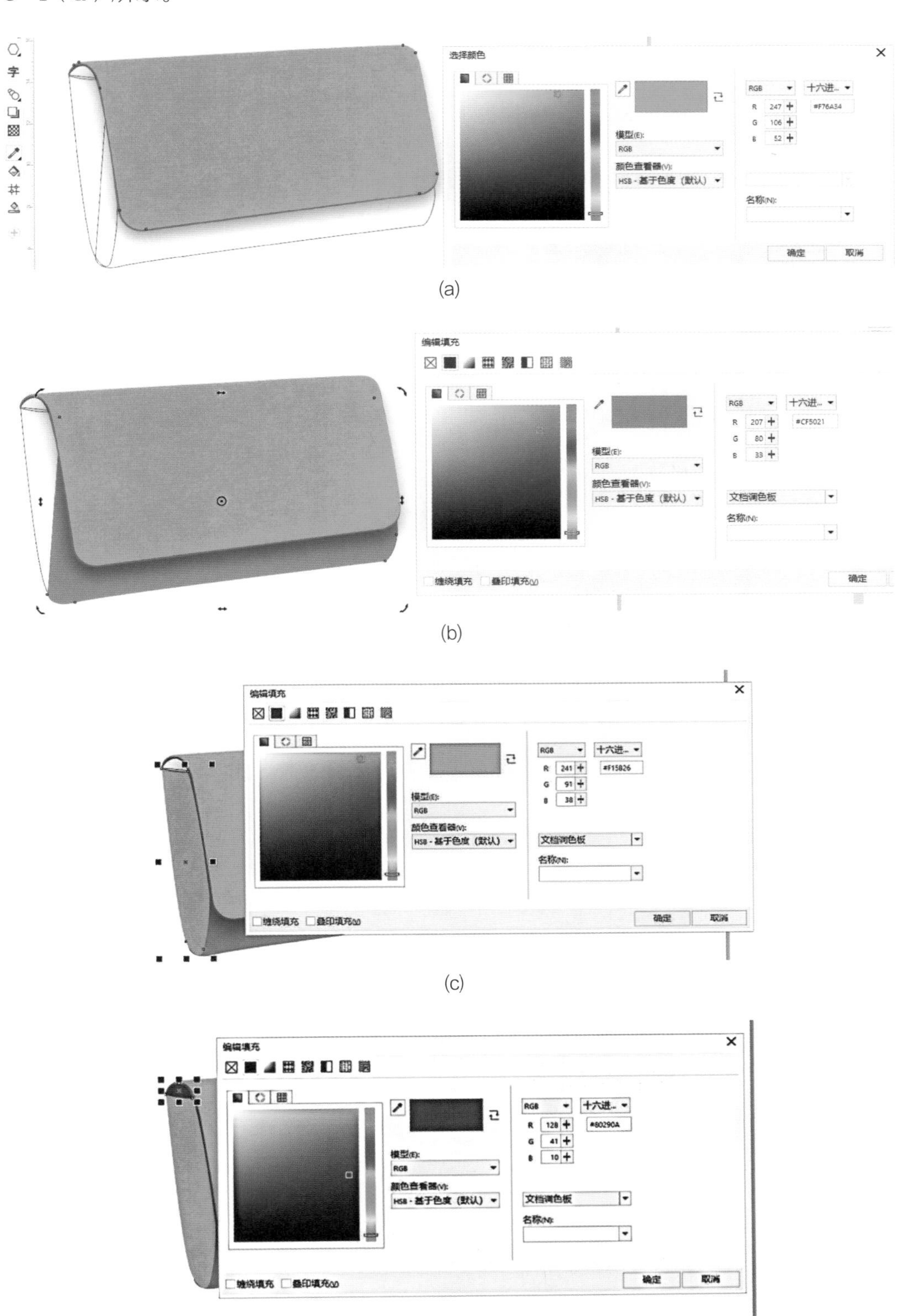

(a)

(b)

(c)

(d)

图 5–4　填充基本色

（4）绘制细节和添加光影效果。

①绘制明缉线。选择工具箱【贝塞尔线】，沿包盖的边缘在里侧绘制平行线条；右键单击调色盘中的颜色，变换轮廓线的颜色为深红色；选择【挑选工具】，设置【线条样式】为虚线，结束操作。

②绘制包盖的光影效果。选择工具箱【贝塞尔线】，沿着左侧明缉线向里绘制窄长图形；选择【填充工具】–【渐变填充】，设置最深处的颜色参数为 R:247、G:106、B:52，最浅的颜色为白色；右键点击调色盘【×】图标，消除轮廓线，结束操作，如图 5–5 所示。

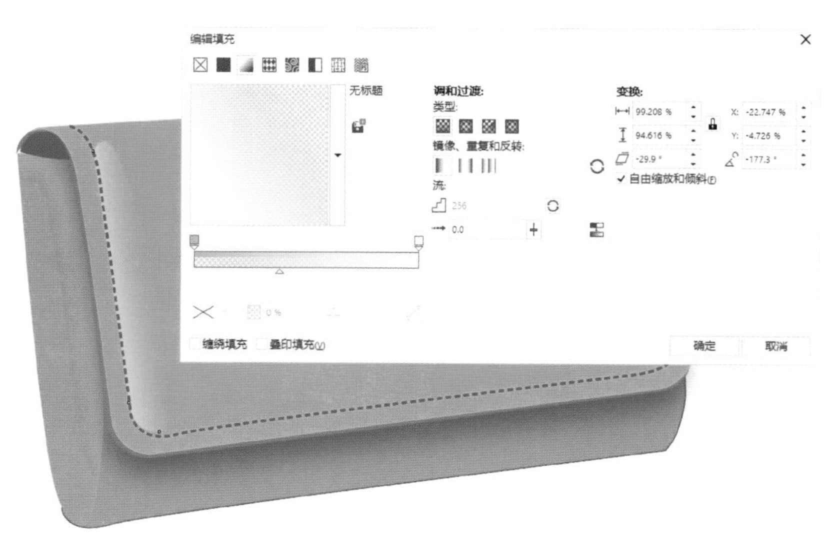

图 5–5　绘制细节和添加光影效果

（5）添加光影效果。选择工具箱【贝塞尔线】，在包盖的右下角绘制图形，填充颜色，参数为 R:255、G:130、B:84，右键点击调色盘【×】图标，消除轮廓线，结束操作，如图 5–6 所示。

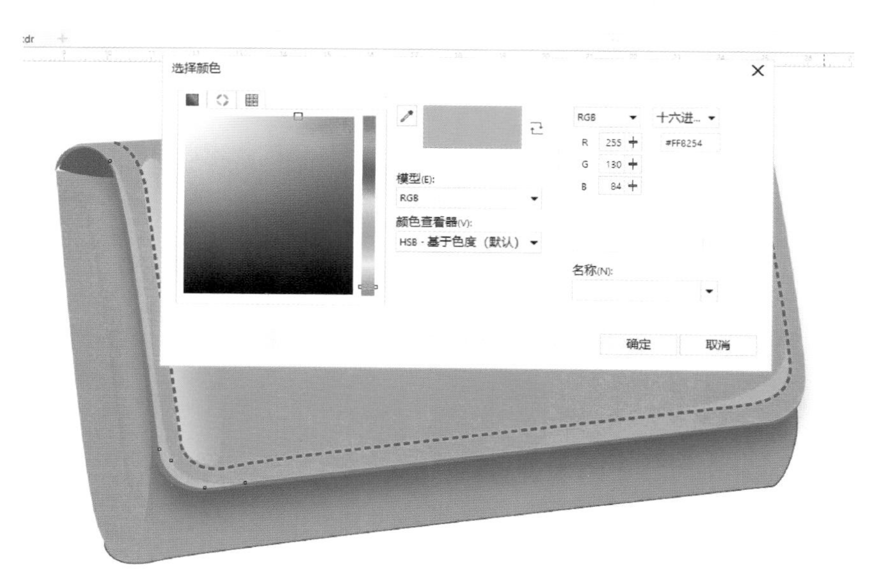

图 5–6　添加光影效果

（6）绘制包牌。选择工具箱【矩形工具】绘制矩形，并设置为圆角矩形，将该矩形复制备用。填充两个矩形，颜色分别为 20％黑和橘红色。右键点击调色盘【×】图标，消除灰色矩形的轮廓线。点选橘红色矩形，在属性栏设置【轮廓宽度】为 0.25mm 加粗轮廓线。将橘红色矩形放置在灰色矩形上，稍微错开一些，结束操作，如图 5–7 所示。

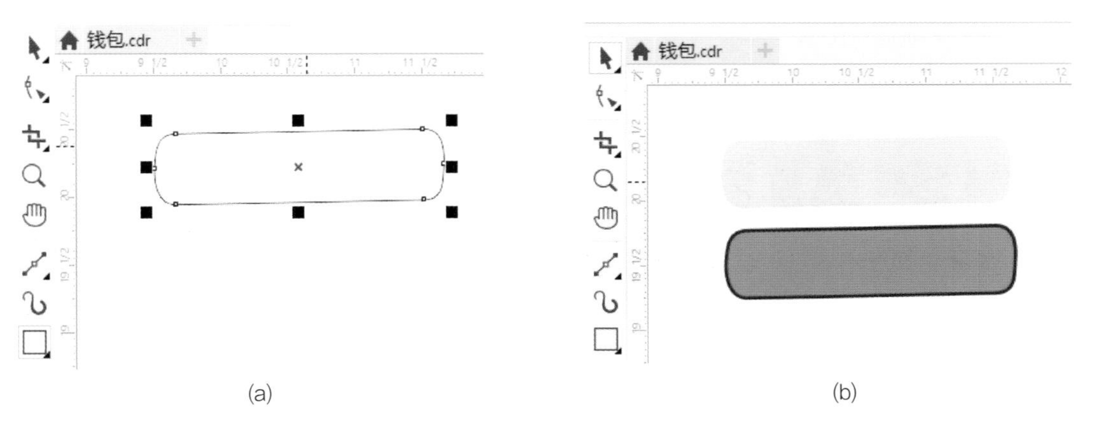

(a)　(b)

图 5–7　绘制包牌

（7）绘制包牌上的铆钉。选择工具箱【椭圆工具】绘制椭圆。选择【填充工具】–【渐变填充】，设置为【矩形渐变填充】，添加 4 个节点，由深到浅设置不同的灰色，点击【确定】结束操作，如图 5–8 所示。

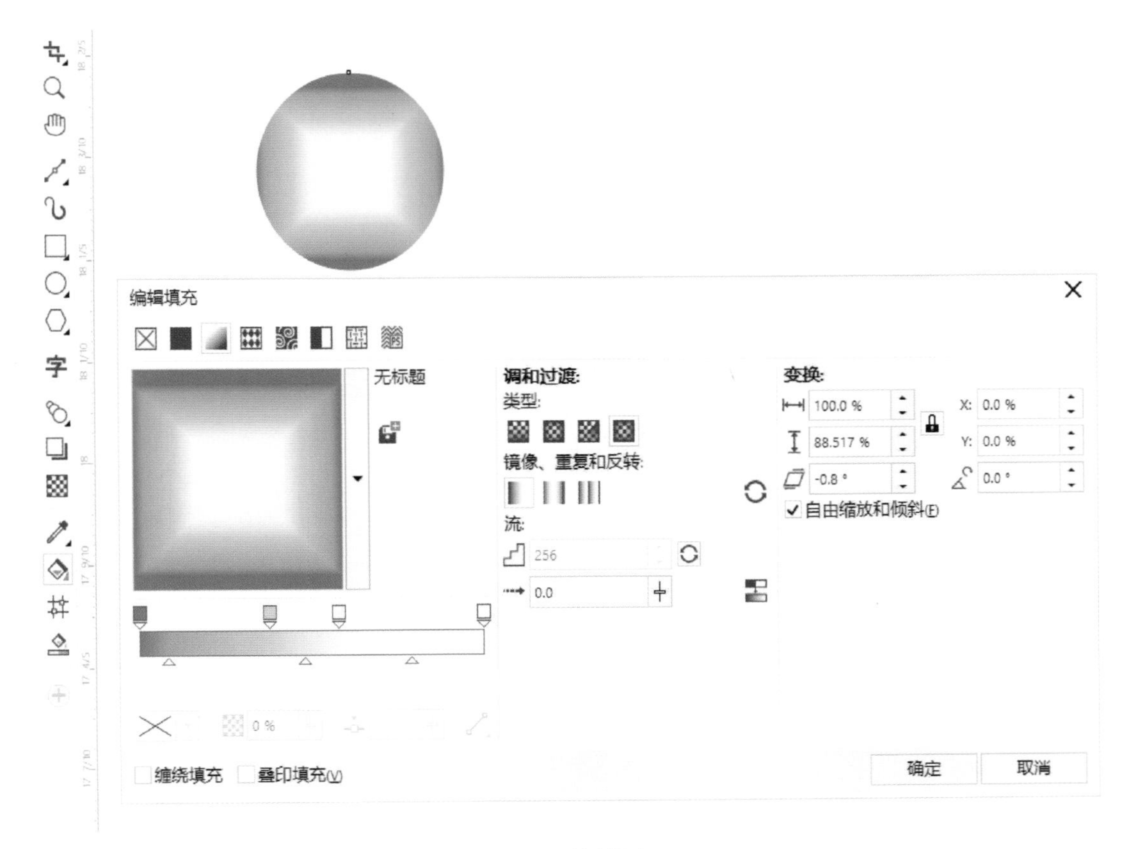

图 5–8　绘制铆钉

（8）绘制 Logo。选择工具箱【字体】，输入“FENDI”，字体设置为“poplar std”，字号设置为“10pt”，右键单击调色盘灰色，为字体轮廓描边，放置在包牌上，结束操作，如图 5-9 所示。

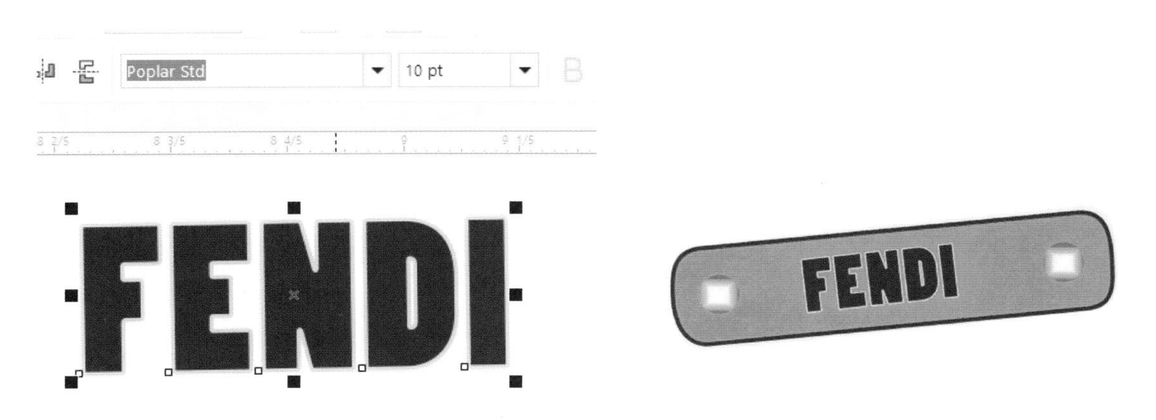

图 5-9　绘制 Logo

（9）添加包的底面光影。选择工具箱【贝塞尔线】绘制曲面矩形，再选择【填充工具】-【渐变填充】，设置两个节点，最深的颜色的参数设为 R:207、G:80、B:33，在此基础上选择一个浅色即可，点击【确定】结束操作，如图 5-10 所示。

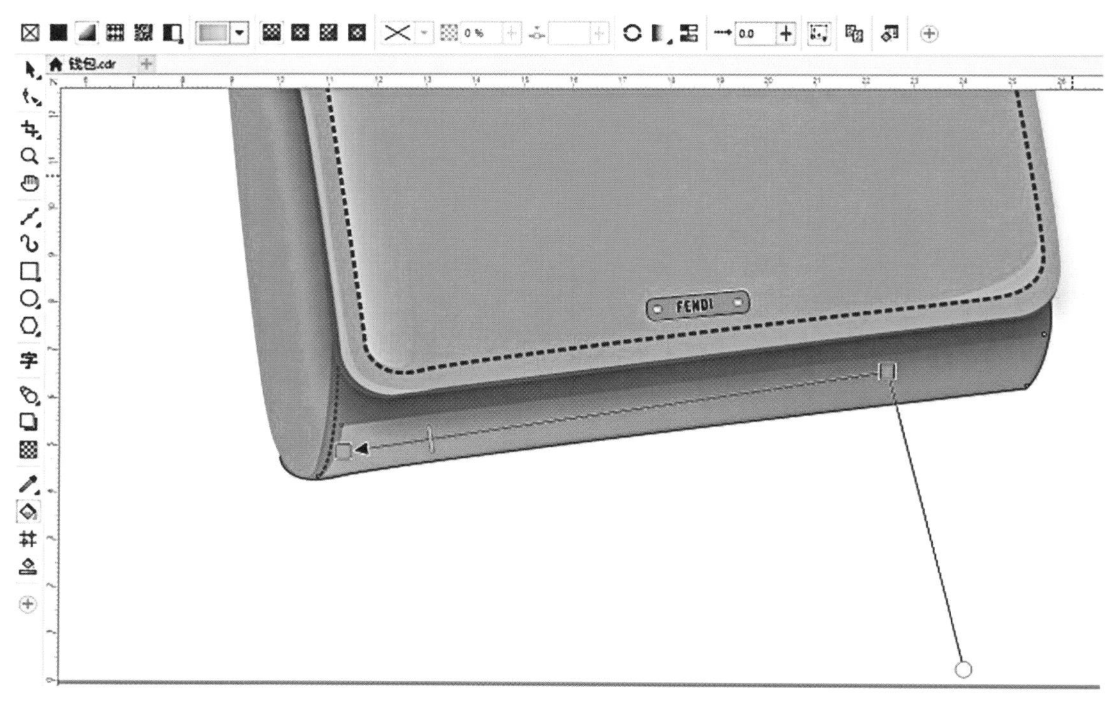

图 5-10　添加包底光影

（10）添加侧面的光影效果。选择工具箱【贝塞尔线】绘制条状图形，填充颜色并消除轮廓线。这一步的操作可根据视觉效果反复添加，如图 5-11 所示。

（11）添加钱包的投影。使用工具箱【贝塞尔线】沿包底绘制一个图形，左键点击调色盘填充 10％黑色并消除轮廓线。再选择【透明度工具】–【渐变透明】，点选图形后按左键向下拖动，结束操作，如图 5–12 所示。

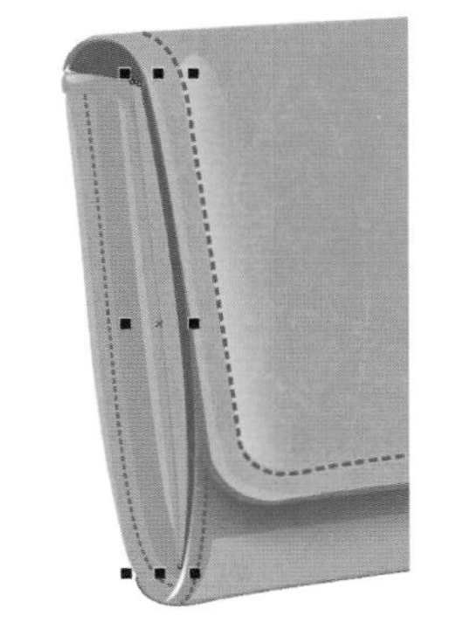

图 5–11　添加侧面的光影效果

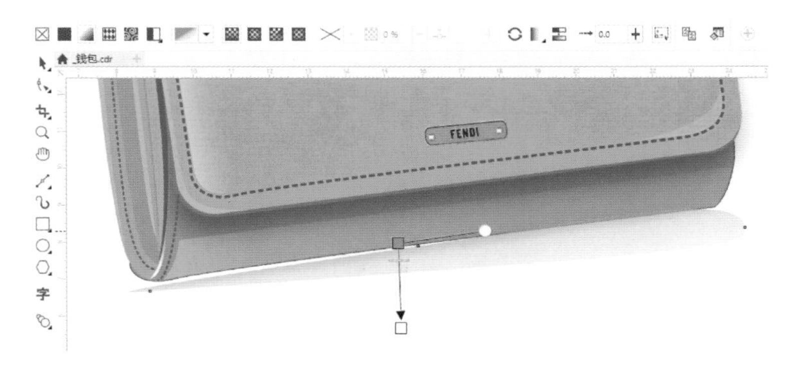

图 5–12　添加钱包的投影

（12）钱包的最终效果如图 5–13 所示。

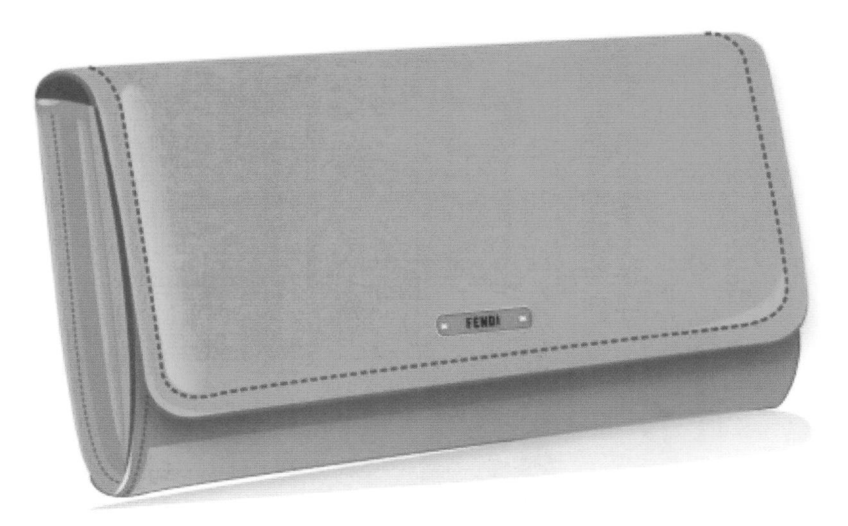

均匀填充

图 5–13　钱包的最终效果

第二节　首饰的设计

首饰的设计步骤如下。

（1）创建新文档。

（2）绘制枣核形的钻石。使用工具箱【椭圆工具】绘制椭圆，点击属性栏【转换为曲线】，选择工具箱【形状工具】将椭圆形状调整为枣核形，结束操作。点选枣核形，按【Shift】键和左键向中心拖动，同时点击右键，复制出一个小的图形，结束操作。使用工具箱【贝塞尔线】连接图形的两个尖端点，将图形一分为二，沿大图形和小图形的边缘绘制出 6 个梯形，框选全部梯形，复制出另一半梯形，点击属性栏【镜像翻转】，结束操作，如图 5–14 所示。

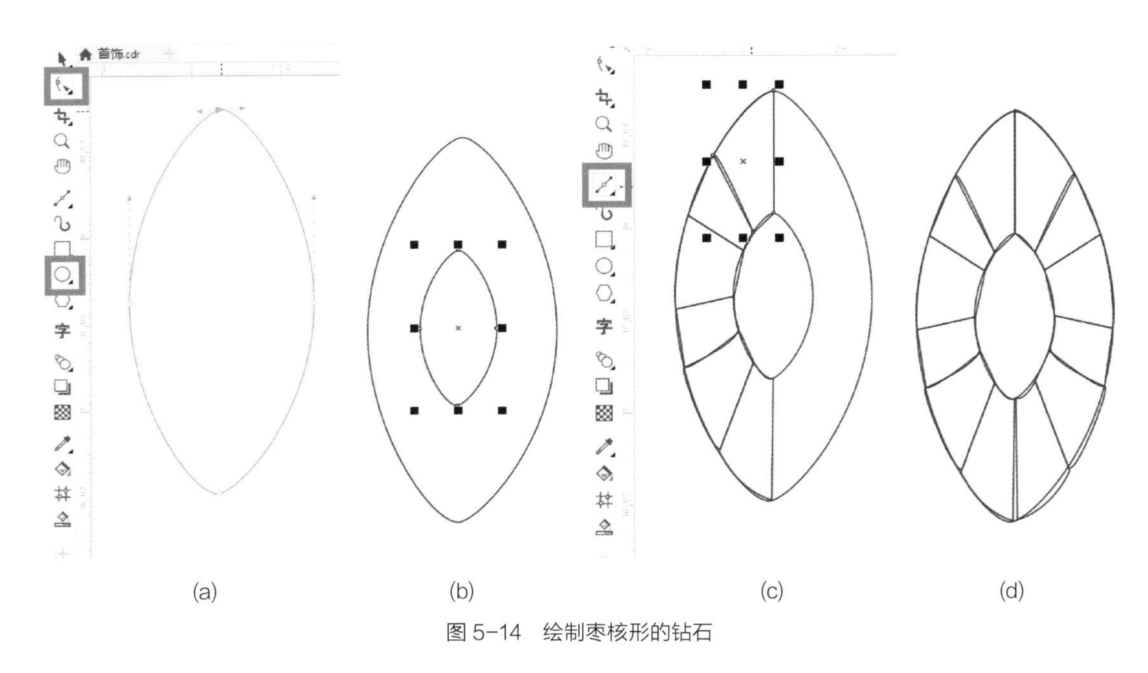

(a)　(b)　(c)　(d)

图 5-14　绘制枣核形的钻石

（3）填充枣核形钻石。使用【挑选工具】依次点选梯形并填充颜色，颜色参数分别为 70％、60％、50％、30％、20％、10％的黑色与白色；按左键框选全部图形，点选属性栏【组合对象】，并右键单击调色盘【×】图标消除轮廓线，结束操作，效果如图 5-15 所示。

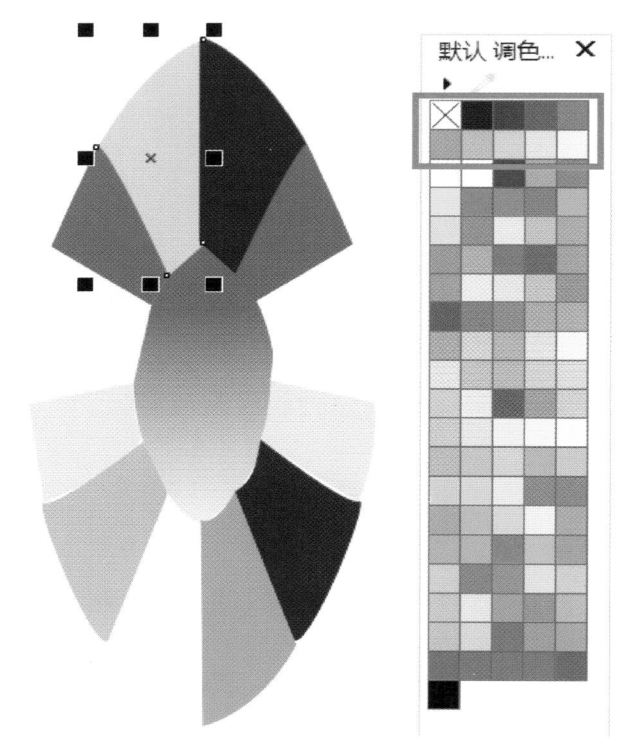

图 5-15　填充枣核形钻石

（4）转换钻石图形为位图并调整颜色。利用【挑选工具】选择钻石图形，点击菜单栏【位图】-【转换为位图】，再选择钻石图形并复制出 1 个图形备用，结束操作。

选择钻石图形，点选菜单栏【效果】–【调整】–【颜色平衡】，如图 5–16（a）所示。在对话框【范围】中点选【中间色调】，在【颜色通道】设置 R:100、G:100、B:100；按照同样的方法，再次选择【颜色通道】设置 R:25、G:–27、B:–21，结束操作。选择备份钻石图形，点选菜单栏【效果】–【调整】–【颜色平衡】，在对话框【范围】中点选【中间色调】，【颜色通道】设为 R:–100、G:–100、B:100，结束操作，如图 5–16（b）所示。

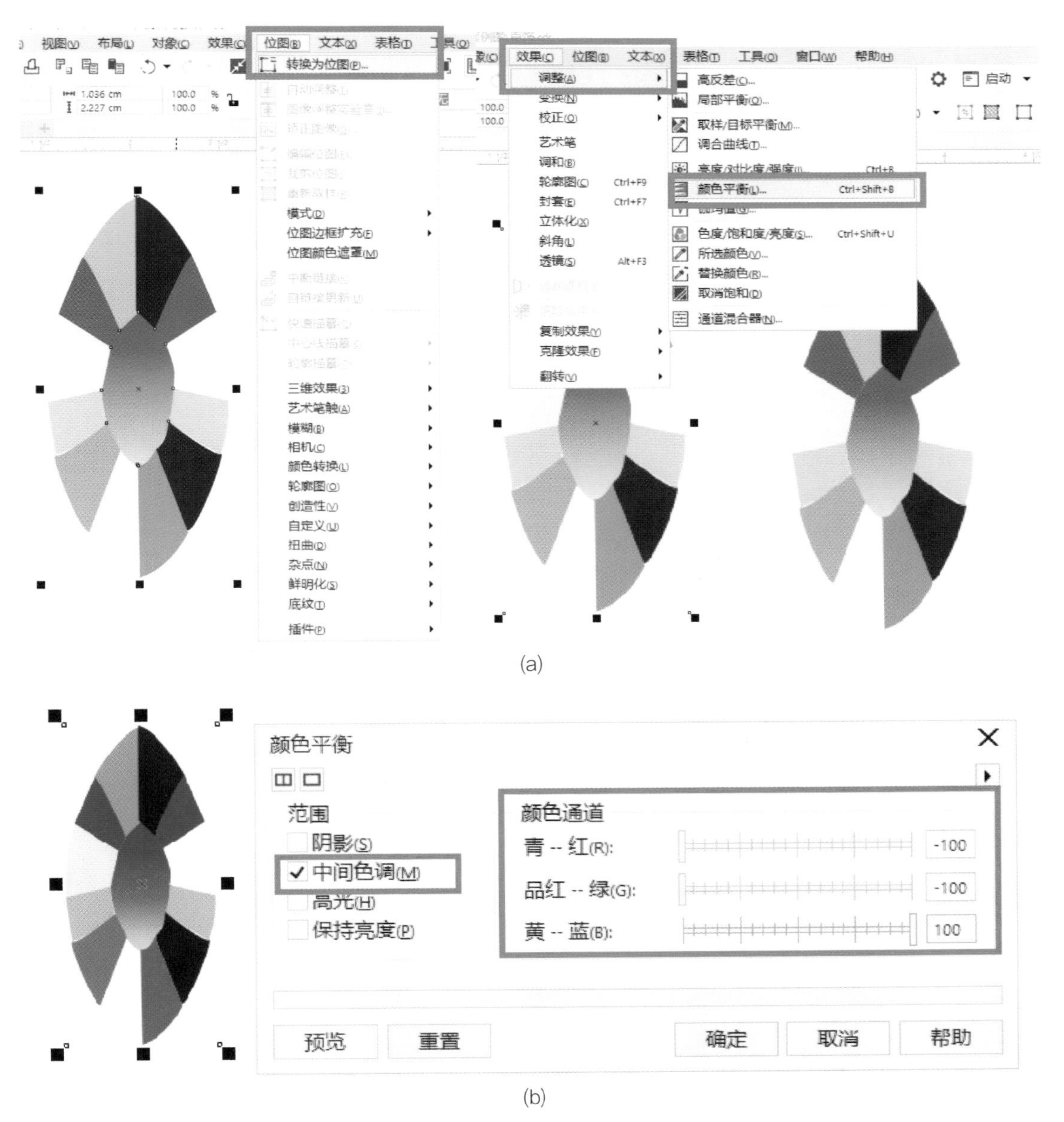

(a)

(b)

图 5–16　转换为位图并调整颜色

（5）绘制钻石的样式。利用【挑选工具】左键双击红色钻石，垂直移动中心点并与图形间隔一点距离放置，选择【窗口】–【泊坞窗】–【变换】–【旋转】命令，设置【旋转角度】为 40°，【副本】设为 1，多次点击【应用】，结束操作，如图 5–17 所示。

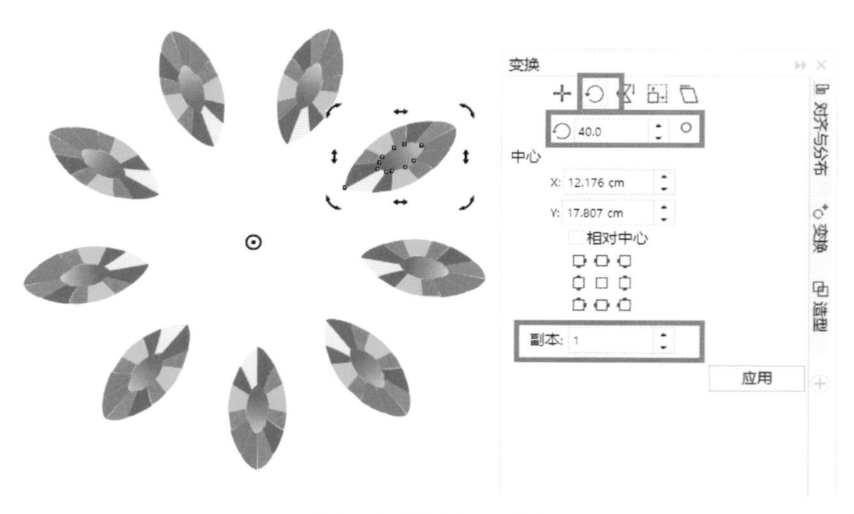

图 5-17 绘制钻石的样式

（6）绘制银托。选择【多边形工具】，设置【点数或边数】为 4，绘制图形，点选属性栏【转换为曲线】，使用【形状工具】把图形调为扇形，结束操作。点选扇形填充颜色，选择【填充工具】-【渐变填充】命令，双击手柄增加 3 个节点，颜色分别为 50%、30%、20%、10%的黑色，消除轮廓线后结束操作，如图 5-18 所示。

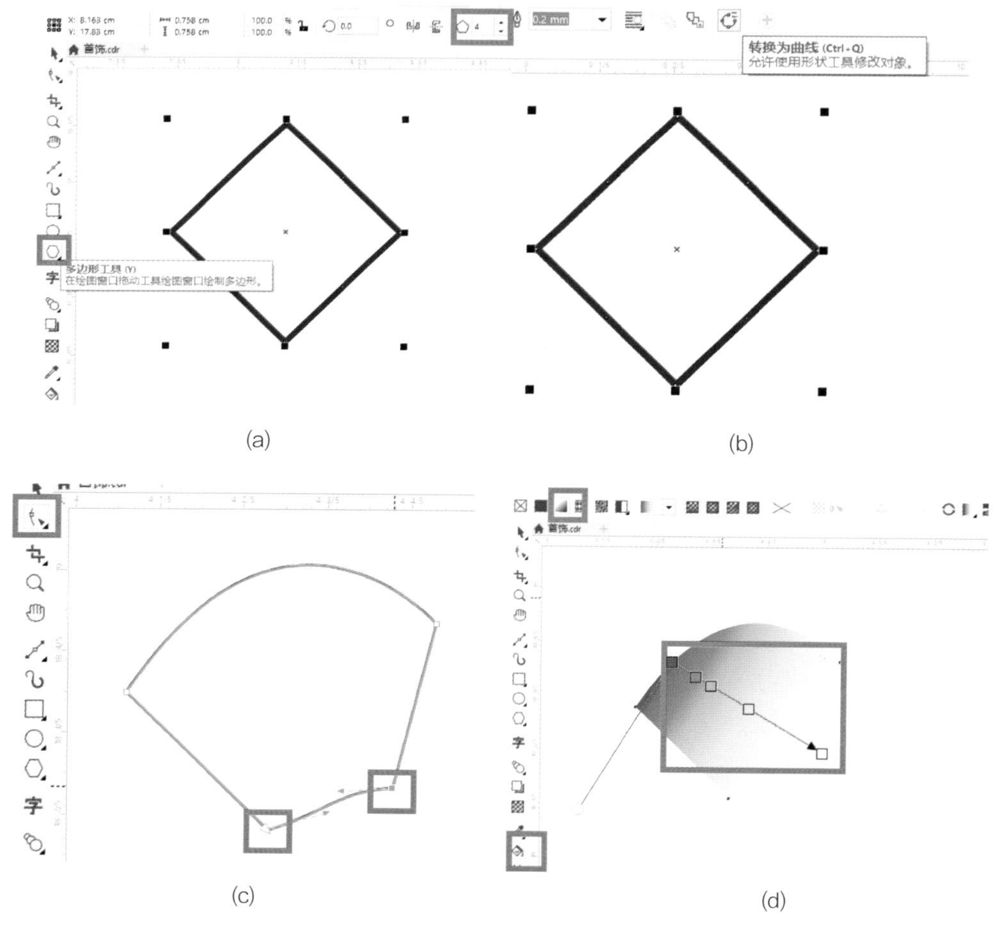

图 5-18 绘制银托

（7）在钻石上增加银托。使用【挑选工具】双击银拖，垂直移动中心点使其与钻石中心点重合。选择【窗口】–【泊坞窗】–【变换】–【旋转】命令，设置【旋转角度】为 40°，【副本】设为 1，多次点击【应用】，结束操作，如图 5–19 所示。

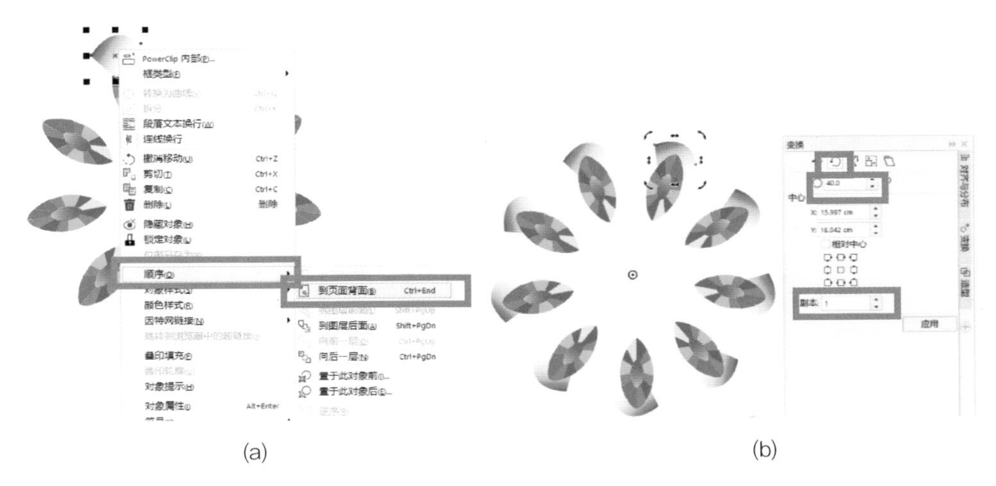

(a)　　　　(b)

图 5–19　在钻石上增加银托

（8）绘制银饰部分。

①选择【椭圆工具】，按【Ctrl】和左键绘制正圆形，点选正圆形，按【Shift】和左键向中心拖动，复制出小正圆形，结束操作。选择【窗口】–【泊坞窗】–【造型】–【修剪】命令。点选小圆形，点击【修剪】；再点击大圆形，再次点击【修剪】，结束操作。点选圆环，选择工具箱【填充工具】–【渐变填充】，双击手柄增加两个节点，颜色依次为 20％黑、白色、40％黑，结束操作，如图 5–20 所示。

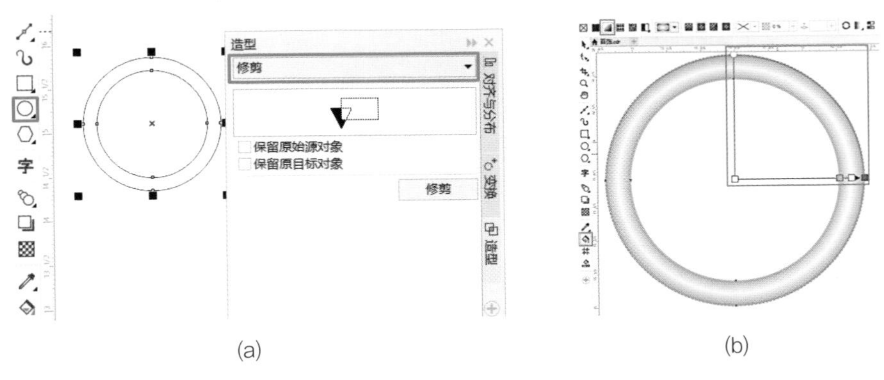

(a)　　　　(b)

图 5–20　绘制银饰部分（1）

②选择【多边形工具】，设置【点数或边数】为 4，绘制图形，点选属性栏【转换为曲线】，使用【形状工具】把图形调成扇形，结束操作。点选扇形填充颜色，选择【填充工具】–【渐变填充】，双击手柄增加 3 个节点，颜色分别为 50％、30％、20％、10％黑色，右键单击调色盘设为 20％黑，结束操作，如图 5–21 所示。

③使用【挑选工具】选择图形，将其放置在钻石端点下面，双击图形并垂直移动中心点直至与钻石中心点重合。点选【窗口】–【泊坞窗】–【变换】–【旋转】，设置【旋

转角度】为 40°，【副本】设为 1，多次点击【应用】，结束操作。【挑选工具】选择圆环，将其放置在中心处位置。左键选择全部银饰，与钻石交叠放置在中心处，如图 5-22 所示。

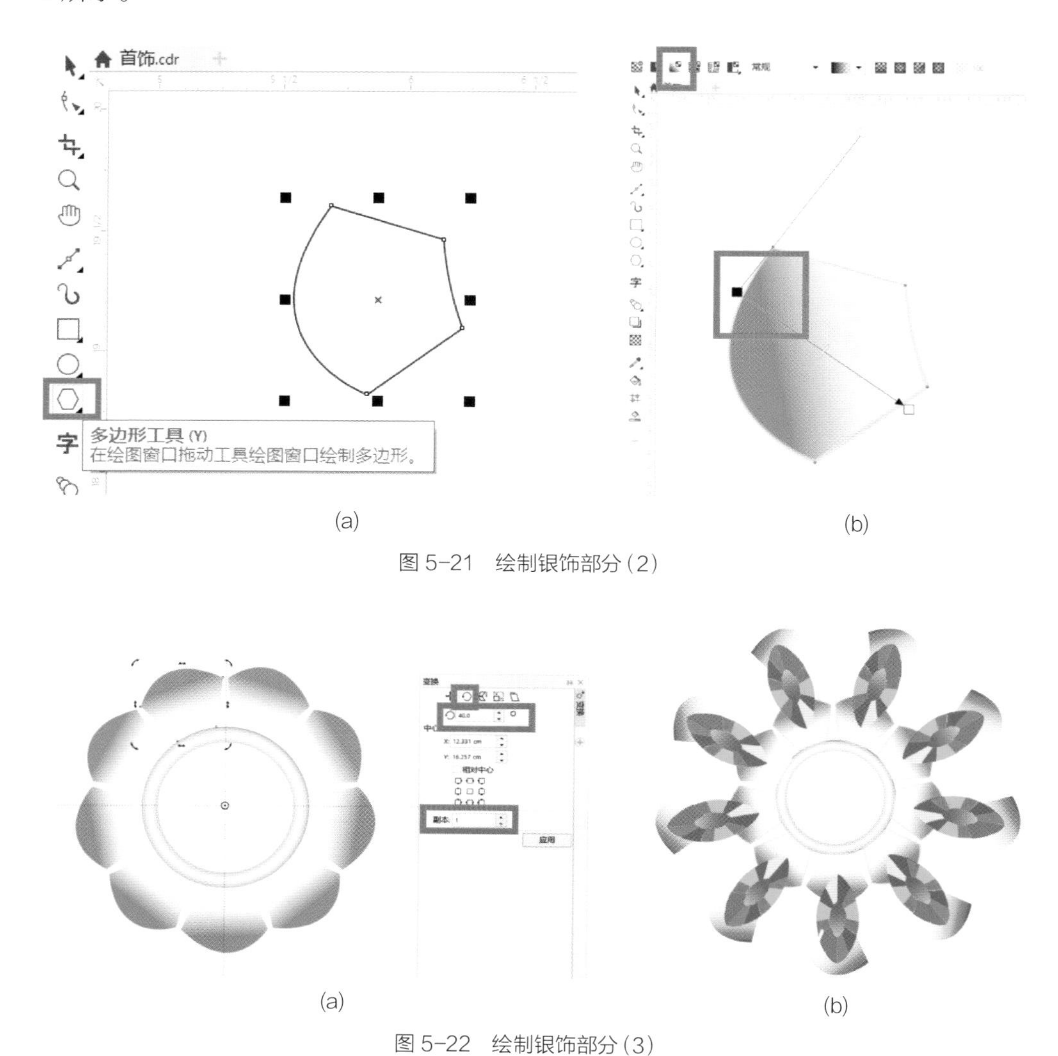

图 5-21　绘制银饰部分（2）

(a)　(b)

图 5-22　绘制银饰部分（3）

（9）绘制紫色钻石。方法与上述一致，并放置在红色钻石中心，框选全部图形，点选属性栏【组合对象】，结束操作，如图 5-23 所示。

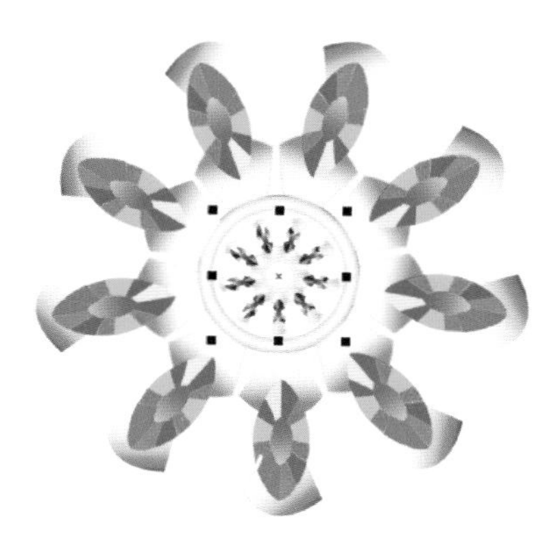

图 5-23　绘制紫色钻石

（10）绘制另一个钻石饰品。

①使用工具箱【矩形工具】绘制矩形，点选属性栏【转换为曲线】，点击【形状工具】框选矩形，点击属性栏【直线转换为曲线】，点击节点并拖动手柄调整线条的弧度，使图形呈叶子状，结束操作，如图 5–24 所示。

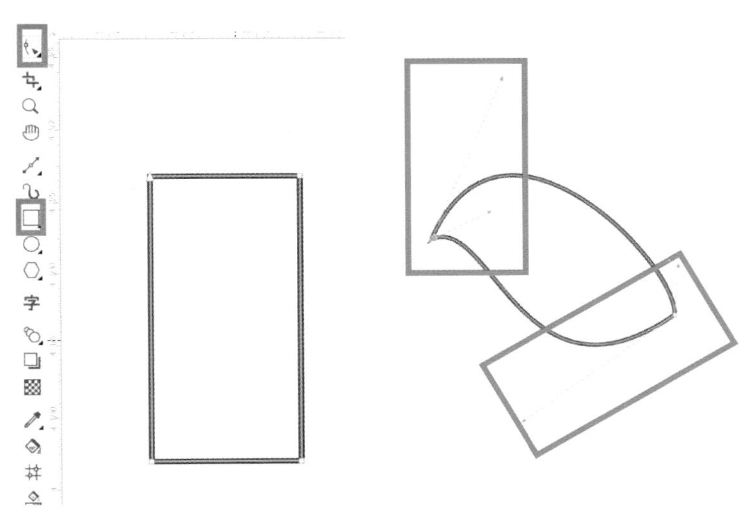

图 5–24　绘制另一个钻石饰品（1）

②选择叶子图形，按【Shift】和左键向外拖动，同时按右键复制出稍大的叶子图形，填充颜色分别为 10％黑和 60％黑，将两个叶子图形交叠放置在一起，结束操作。选择工具箱【椭圆工具】，绘制出多个小圆点并填充为白色，将其放在叶子图形上，结束操作。左键框选全部图形，点选属性栏【组合对象】，另外复制出两个图形，按三角形交错放置，结束操作，如图 5–25 所示。

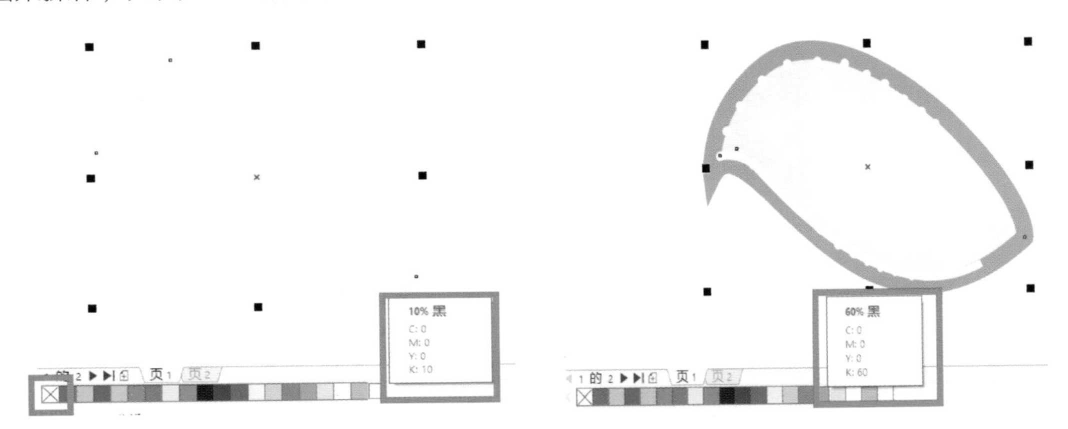

图 5–25　绘制另一个钻石饰品（2）

③选择备份的紫色钻石，另外复制出两个钻石图形，将三个紫色钻石按三角形交错放置，结束操作。选择叶子图形放在紫色钻石中心处，结束操作，如图 5–26 所示。

（11）绘制手链。

①绘制一个灰色圆环，方法同步骤（8），另外复制出一个圆环备用，结束操作。使用工具箱【椭圆工具】，按【Ctrl】键和左键绘制出正圆形，结束操作。使用工具箱的【调

和工具】，点选圆环，按住左键向另一个圆环拖动，点选属性栏【路径属性】-【新路径】，箭头点击正圆形，再点击属性栏【沿全路径调和】，设置【调和对象】为 28，结束操作，如图 5-27 所示。

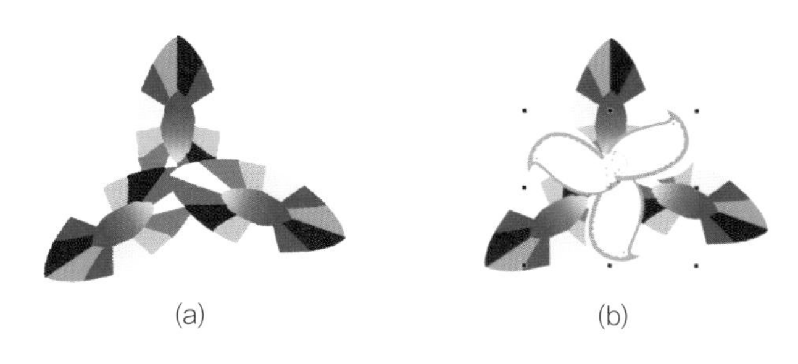

(a)　　　　(b)

图 5-26　绘制另一个钻石饰品（3）

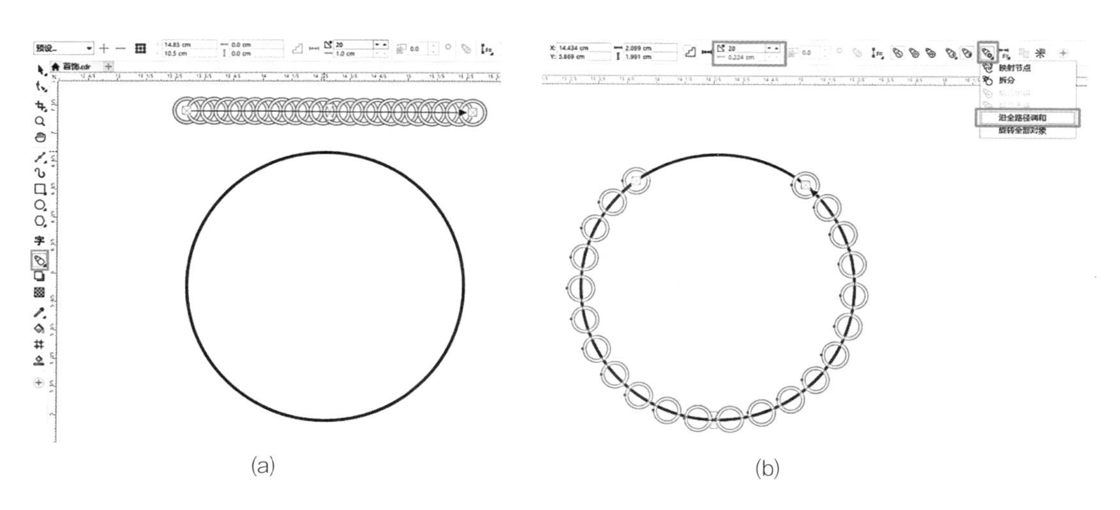

(a)　　　　(b)

图 5-27　绘制手链（1）

②选择圆环图形，再选择菜单栏【对象】-【拆分路径群组上的混合】，点击工作区的空白处，左键点选正圆形并按【Delete】键删除，结束操作，如图 5-28 所示。

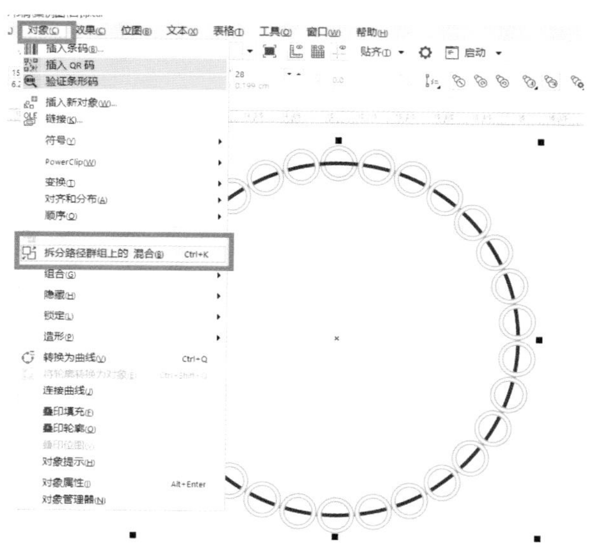

图 5-28　绘制手链（2）

（12）将两个钻石饰品放在手链上，结束操作。手链的最终效果如图 5-29 所示。

图 5-29　手链的最终效果

小贴士

绘制椭圆形、圆形、弧形和饼形

使用工具箱中的【椭圆工具】和【3 点椭圆工具】，可以绘制椭圆形和圆形。另外，通过设置【椭圆工具】属性栏还可以绘制饼形和弧形。

1.【椭圆工具】

要绘制椭圆形，在工具箱中选择【椭圆工具】，在绘图页面中按下鼠标并拖动，绘制出一个椭圆轮廓，拖动椭圆轮廓范围至合适大小时释放鼠标，即可创建椭圆形。在绘制椭圆形的过程中，如果按住【Shift】键，则会以起始点为圆点绘制椭圆形；如果按住【Ctrl】键，则绘制圆形；如果按住【Shift+Ctrl】组合键，则会以起始点为圆心绘制圆形。

完成椭圆形绘制后，单击工具属性栏中的【饼图】按钮，可以改变椭圆形为饼形；单击工具属性栏中的【弧】按钮，可以改变椭圆形为弧形。

2.【3 点椭圆工具】

在 CorelDRAW 2017 应用程序中，用户还可以使用工具箱中的【3 点椭圆工具】绘制椭圆形。单击工具箱中的【椭圆工具】图标右下角的黑色小三角按钮，在打开的工具组中选择【3 点椭圆工具】。使用【3 点椭圆工具】绘制椭圆形时，用户可以在确定椭圆的直径后，沿该直径的垂直方向拖动鼠标，在合适位置释放鼠标后，即可绘制出带有角度的椭圆形。在使用【3 点椭圆工具】绘制时，按住【Ctrl】键进行拖动可以绘制一个圆形。

第三节　帽子的设计

帽子的设计步骤如下。

（1）创建新文档。

（2）导入图片并勾勒钱包的基本型。导入图片如图 5–30 所示，绘制基本轮廓线如图 5–31 所示。

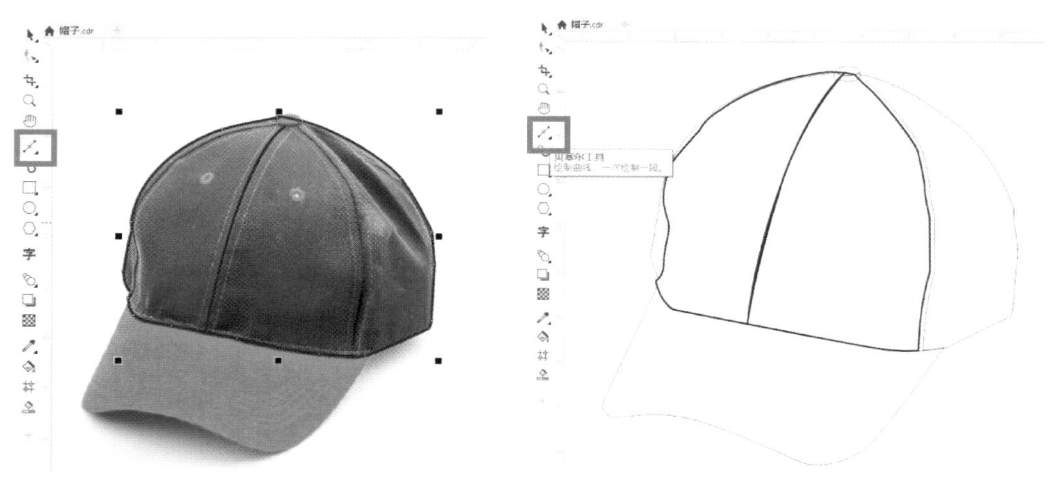

图 5–30　导入图片　　　　图 5–31　绘制基本轮廓线

（3）填充帽子的基本色。使用【挑选工具】依次选择前片、后片、帽珠，且再依次点选调色盘上的颜色。前片颜色参数设为 R:53、G:66、B:94；后片颜色参数设为 R:64、G:79、B:112；帽珠颜色参数分别设为 R:124、G:43、B:46；R:230、G:33、B:41，结束操作，如图 5–32 所示。

图 5–32　填充帽子的基本色

（4）填充帽板。使用【挑选工具】选择帽板，点击工具箱【填充工具】–【渐变填充】工具，左键双击手柄增加节点，节点颜色参数分别为 R:237、G:127、B:133；R:255、G:41、B:55；R:247、G:77、B:88；R:230、G:33、B:41，右键点击调色盘【×】图标消除轮廓线，如图 5–33 所示。

（5）绘制六条压线。使用工具箱【贝塞尔线】在帽板上绘制压线，设置【线条样式】为虚线，右键单击调色盘并将线条颜色参数设为 R:182、G:69、B:75，如图 5–34 所示。

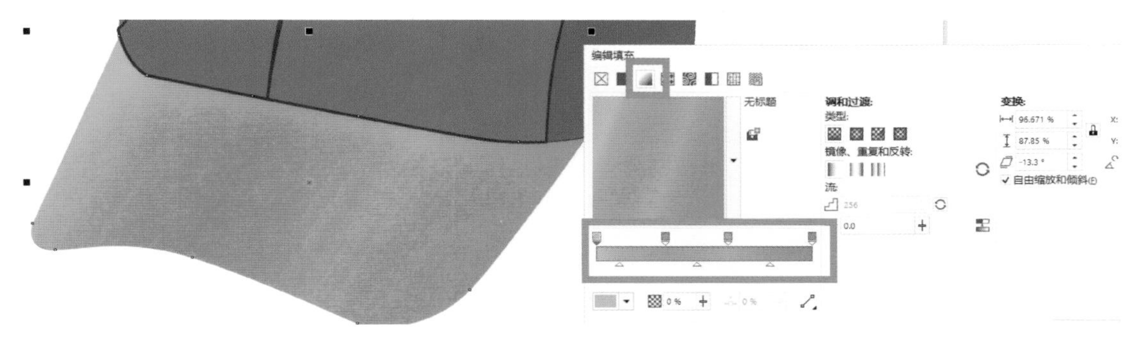

图 5–33　填充帽板

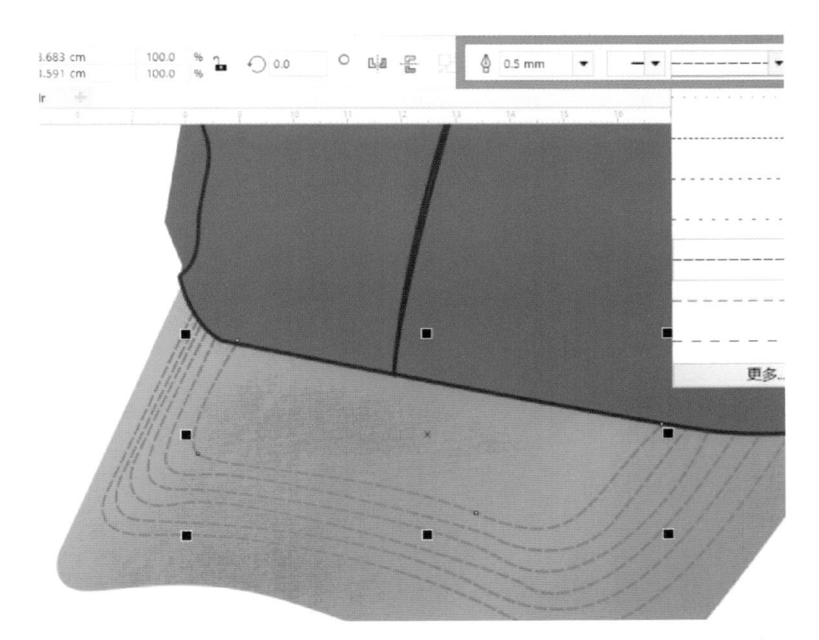

图 5–34　绘制六条压线

（6）加粗双针的线条。设置【轮廓宽度】为 0.75mm。使用【贝塞尔线】绘制双针两侧的压线，设置【线条样式】为虚线，右键单击调色盘中的红色，设置【轮廓宽度】为 0.5mm，结束操作，如图 5–35 所示。

（7）增加前片光影。使用工具箱【贝塞尔线】绘制出光影图形，填充颜色，参数分别为：R:77、G:95、B:135；R:34、G:47、B:74；R:28、G:31、B:53；白色；R:53、G:66、B:94；R:26、G:28、B:49 结束操作。选择工具箱【透明工具】–【渐变透明】，依次调整颜色为自然过渡色即可，结束操作，如图 5–36 所示。

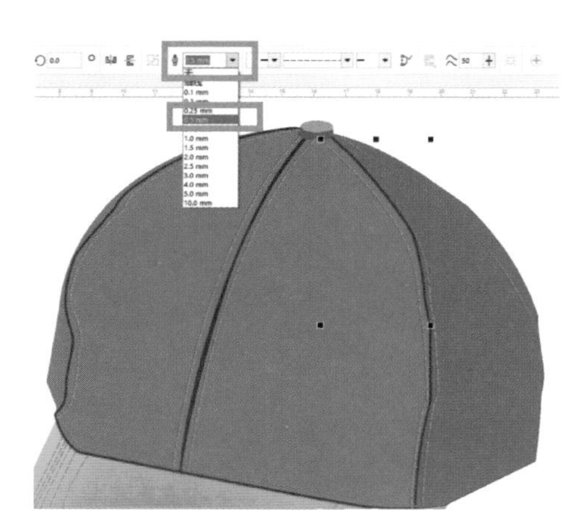

图 5-35　加粗双针的线条

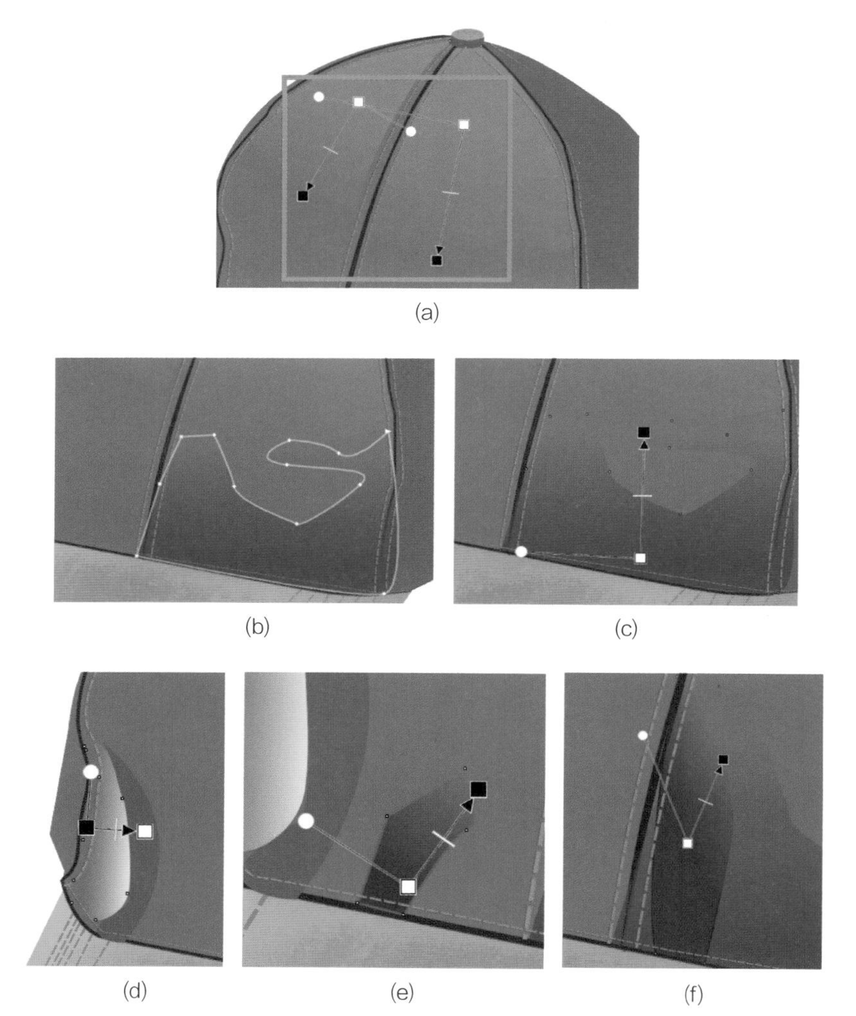

(a)

(b)　(c)

(d)　(e)　(f)

图 5-36　增加前片光影

（8）增加后片光影。基本方法同步骤（7）一致。填充的颜色，参数为 R:105、G:133、B:194；R:87、G:88、B:128，渐变填充的参数为 R:26、G:28、B:49；R:78、G:86、B:131；R:34、G:47、B:74；R:77、G:95、B:135，如图 5-37 所示。

（9）绘制绣孔。选择工具箱【椭圆工具】，按【Ctrl】和鼠标左键绘制正圆形，右键单击调色盘中的红色，另外复制出一个正圆形，右键单击调色盘参数：R:237、G:127、B:133。选择工具箱中的【调和工具】，点选红色圆形，按住左键拖动至另一个圆形，左键点击工作区空白处，再点选最前端的粉色圆形，拖动粉色圆形使其与红色圆形重合放置在一起，结束操作。再次使用【椭圆工具】绘制椭圆并填充白色，消除轮廓线，放在红色圆形中心处，如图 5–38 所示。

（10）绘制投影。首先使用工具箱【贝塞尔线】绘制出投影的形状，填充颜色，参数为 R:140、G:95、B:89，再选择工具箱【透明工具】–【渐变填充】，调整图形色调，结束操作。再次用同样的方法，在紧贴帽板的边缘增加一条较深颜色为（R:81、G:30、B:27）的投影，结束操作，如图 5–39 所示。

（11）帽子的最终效果如图 5–40 所示。

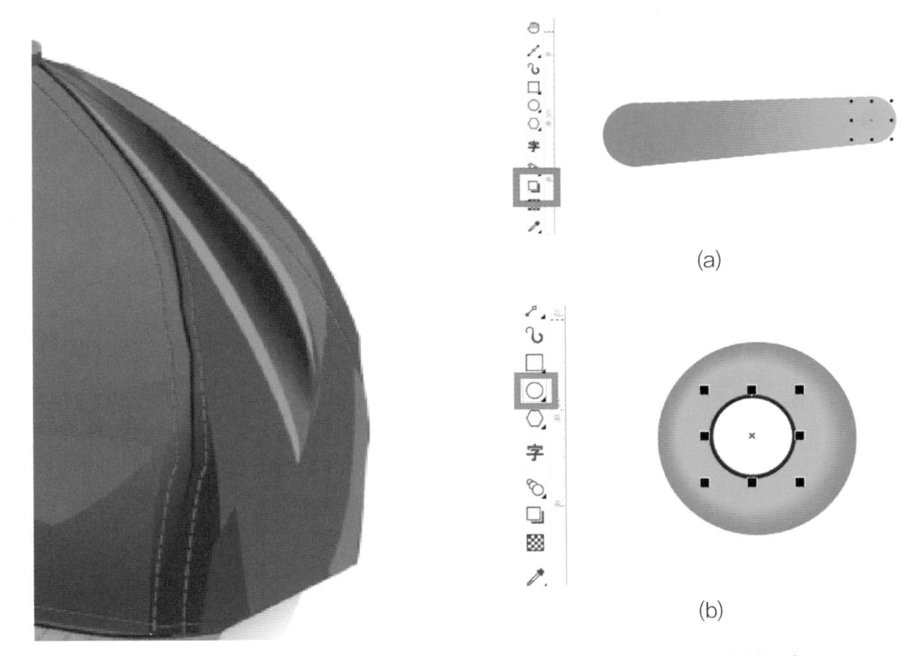

图 5–37　增加后片光影　　图 5–38　绘制绣孔

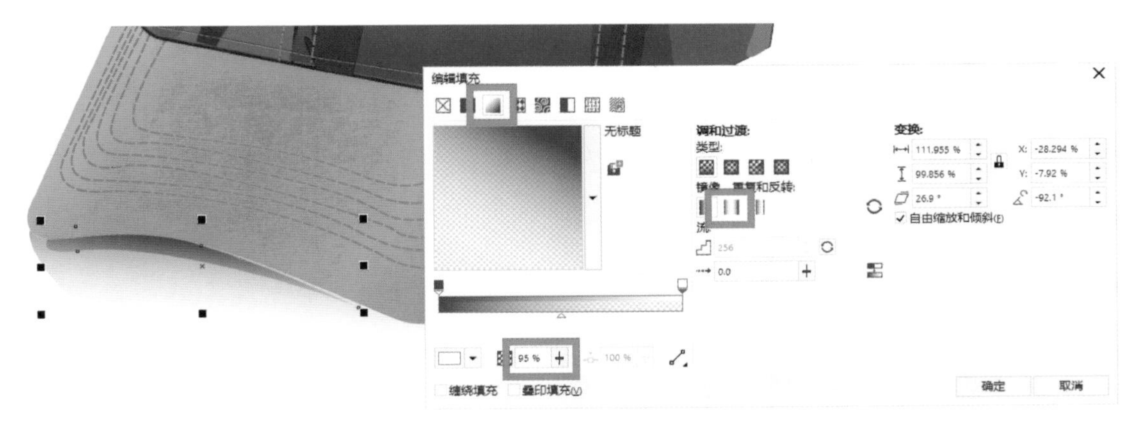

图 5–39　绘制投影

图 5-40　帽子的最终效果

第四节　围巾的设计

围巾的设计步骤如下。

（1）创建新文档。

（2）绘制第一块围巾的基本型。使用工具箱【矩形工具】绘制矩形，点击属性栏【转换为曲线】，选择【形状工具】，点击左键框选图形，选择属性栏【直线转换为曲线】，点击节点并拖动手柄调整图形的形状，结束操作，如图 5-41 所示。

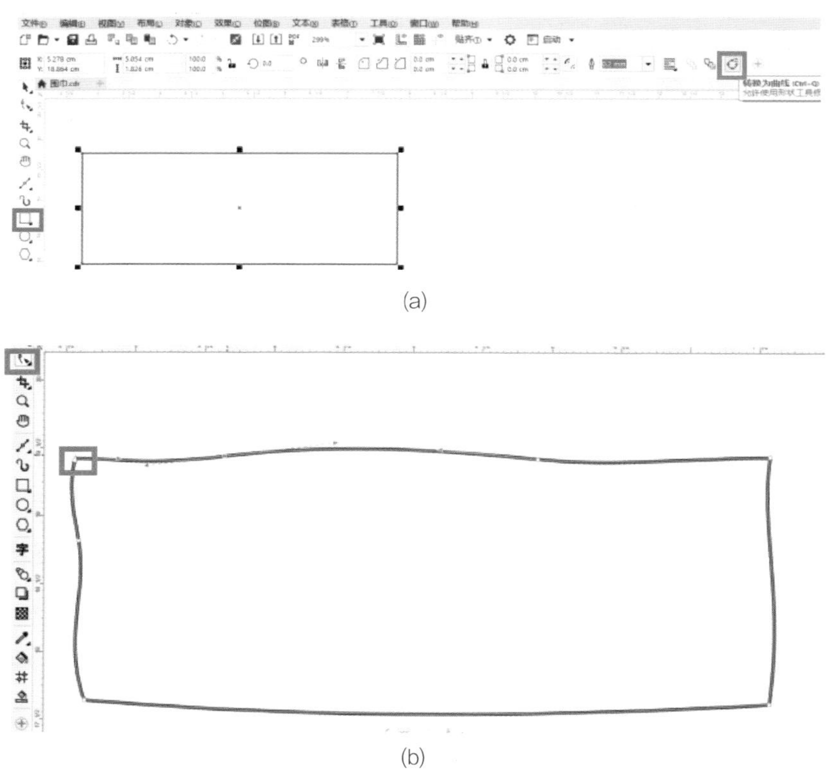

(a)

(b)

图 5-41　绘制第一块围巾的基本型

（3）填充第一块围巾的颜色。左键单击调色盘设置颜色（参数为 C:45、M:100、Y:100、K:22），右键再次单击相同的颜色，填充轮廓线，结束操作，如图 5-42 所示。

图 5-42　填充第一块围巾的颜色

（4）绘制围巾的条纹。选择工具箱【矩形工具】，绘制出 4 个横向矩形和 6 个纵向矩形。从上到下依次填充横向矩形，颜色分别为黑色、白色、红色、黄色。再选择工具箱【透明工具】，分别设置这四种颜色的【透明度】为 20、63、20、50，结束操作，如图 5-43 所示。

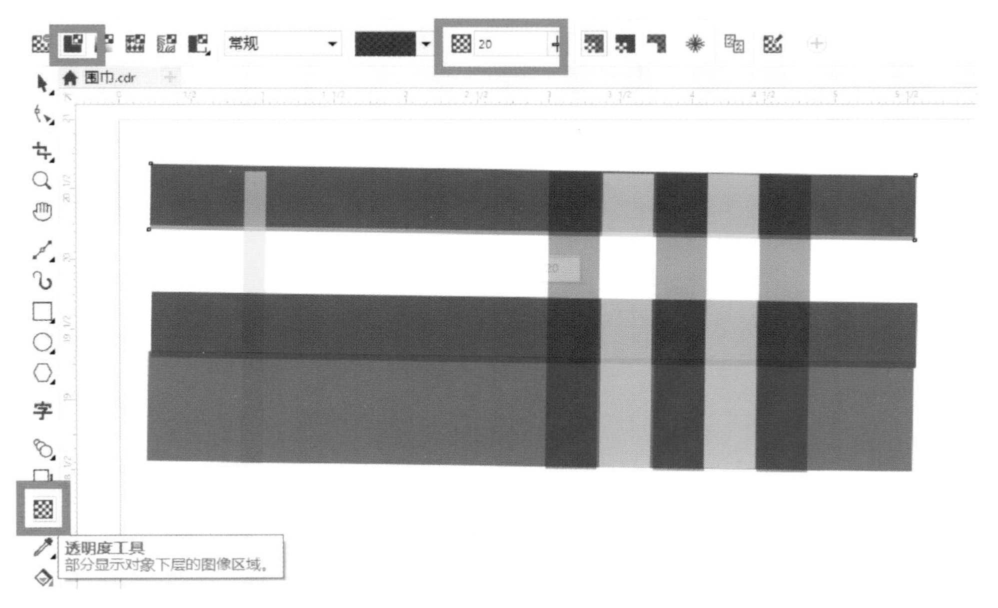

图 5-43　绘制围巾的条纹

（5）组合所有条纹。左键框选全部条纹，单击属性栏【组合对象】，结束操作，如图 5-44 所示。

（6）将条纹图形填充到红色图形中。利用【挑选工具】选择条纹图形，点选菜单栏【对象】-【PowerClip】-【置于图文框内部】，当鼠标变为黑色箭头时点选红色图形，结束操作，如图 5-45 所示。

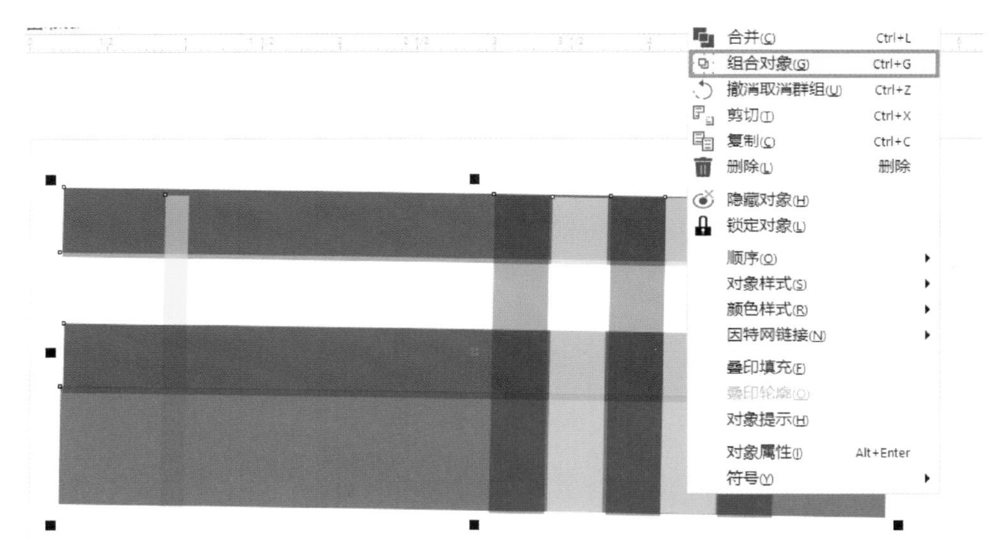

图 5-44　组合所有条纹

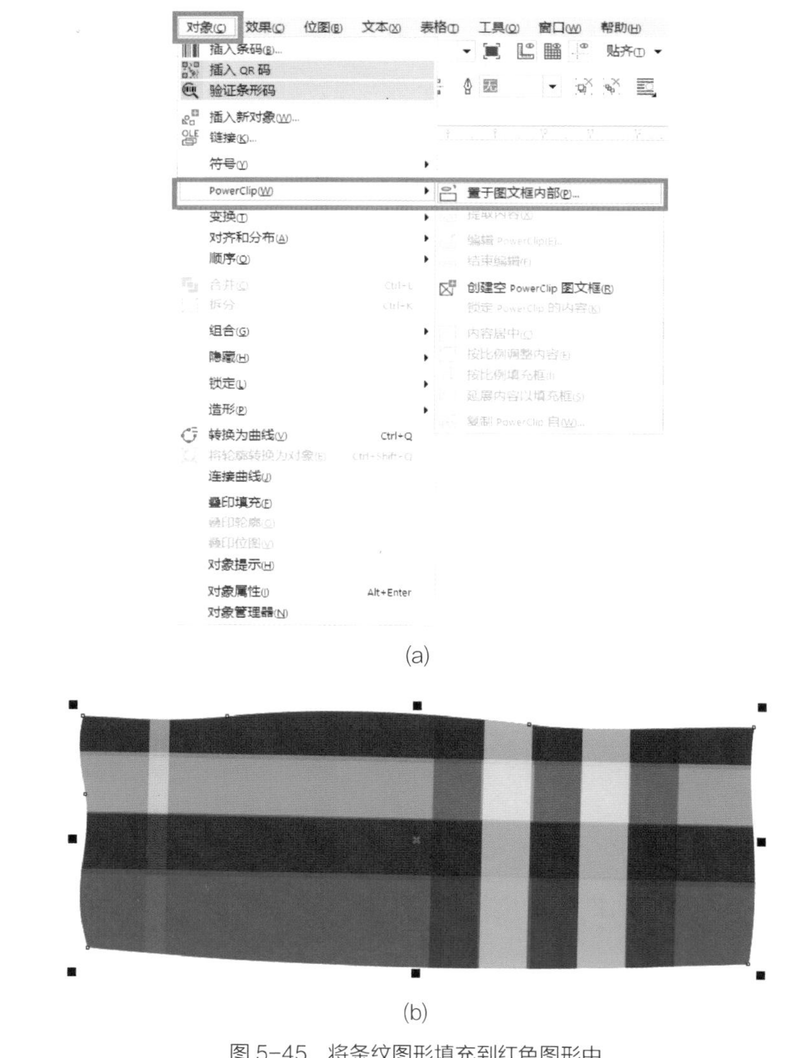

(a)

(b)

图 5-45　将条纹图形填充到红色图形中

（7）按照上述方法绘制第二块和第三块围巾，如图 5-46 所示。

图 5-46　三块围巾

（8）为第一块围巾添加光影效果。

①使用工具箱【贝塞尔线】沿第一块围巾底部绘制出长条图形，填充颜色为 30% 黑色，再选择【透明工具】-【渐变透明】，拖动手柄调整图形颜色。左键拖动长条图形放在第一块围巾图形上，结束操作，如图 5-47 所示。

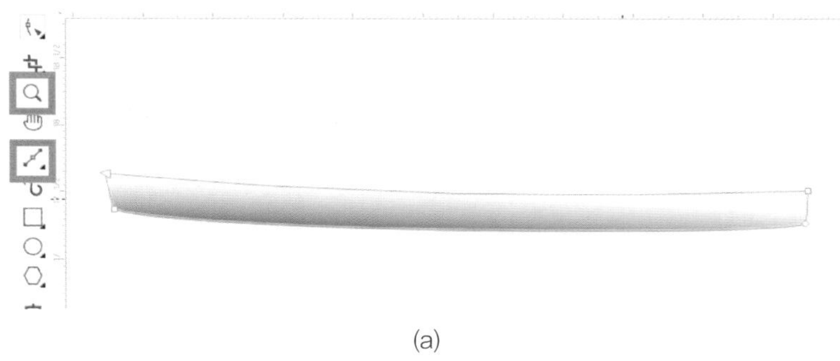

(a)

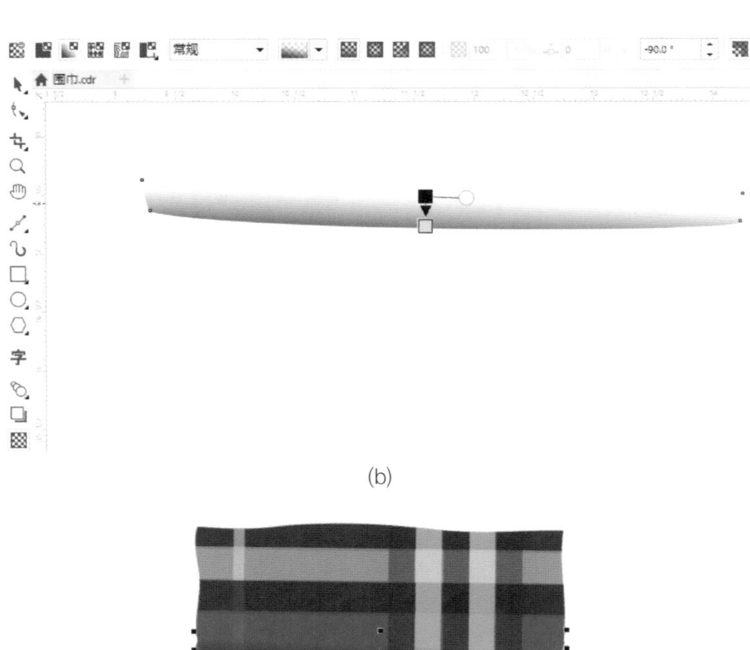

(b)

(c)

图 5-47　添加光影效果（1）

②使用工具箱【贝塞尔线】沿第一块围巾右侧边缘绘制出水滴图形，填充红色并消除轮廓线。点选水滴图形并单击右键，选择对话框【顺序】–【到页面背面】，结束操作，如图 5–48 所示。

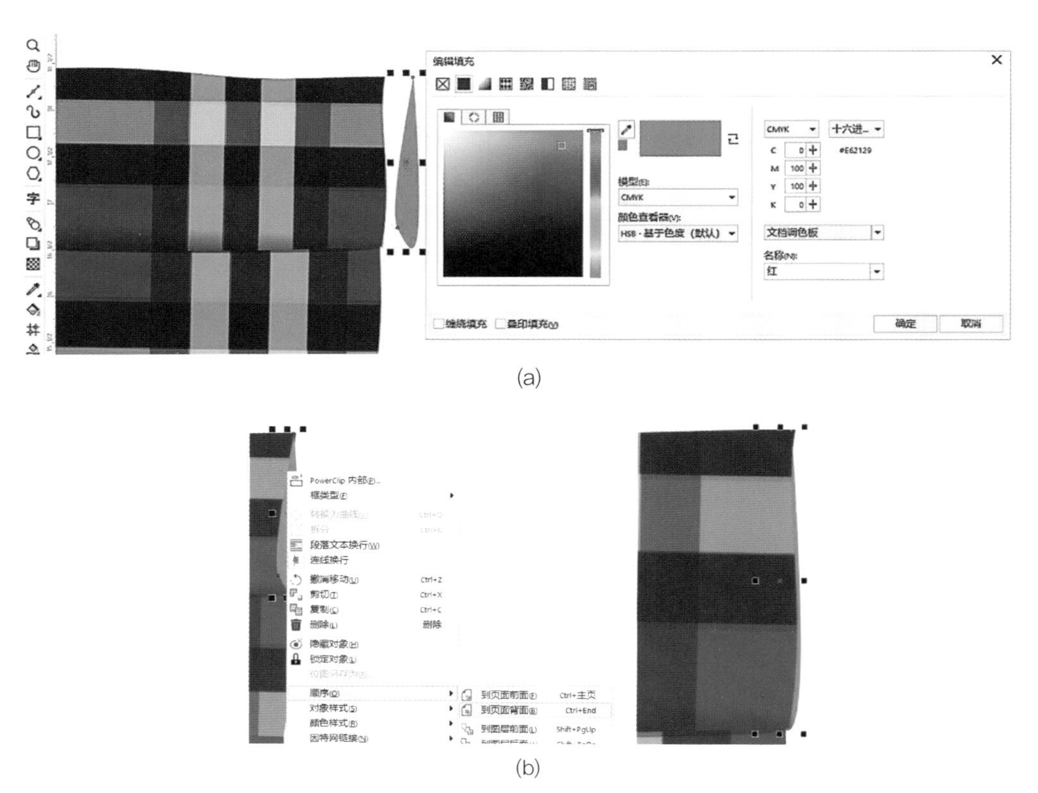

(a)

(b)

图 5–48　添加光影效果（2）

③使用工具箱【贝塞尔线】沿第一块围巾左侧边缘绘制图形，填充颜色（参数为 R:140、G:0、B:35）并消除轮廓线。点选图形并单击右键，选择对话框【顺序】–【置于此对象后】，左键单击条纹图形，结束操作，如图 5–49 所示。

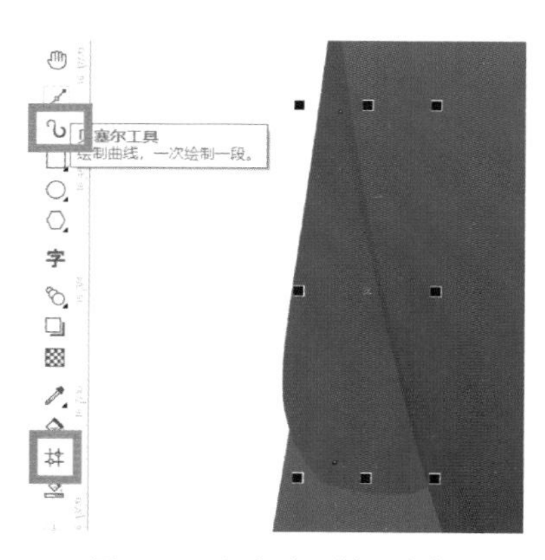

图 5–49　添加光影效果（3）

（9）增加第二块围巾图形的光影。使用工具箱【贝塞尔线】沿第二块围巾底部边缘绘制图形，填充 70％黑色并消除轮廓线。再选择工具箱【透明工具】–【渐变填充】，拖动手柄调节图形颜色，结束操作，如图 5–50 所示。

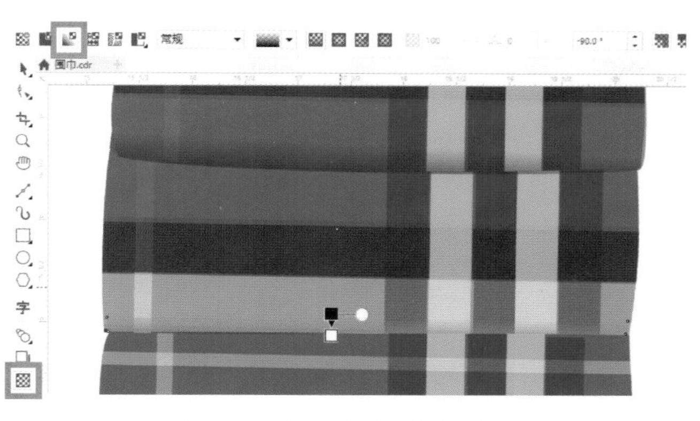

图 5-50　增加第二块围巾的光影

（10）第三块围巾图形。【挑选工具】选择第三块围巾图形，左键拖动图形，同时点击右键，复制出一个图形，填充颜色（参数为 R:115、G:9、B:36），并消除轮廓线，结束操作。将两个图形上下微微错开，交叠放置在一起，结束操作，如图 5-51 所示。

图 5-51　第三块围巾图形

（11）绘制围巾流苏。使用工具箱【矩形工具】绘制矩形，点击属性栏【转换为曲线】，选择【形状工具】，单击左键框选图形，点选属性栏【转换为曲线】，点击节点并拖动手柄，调整图形的形状，结束操作，如图 5-52 所示。

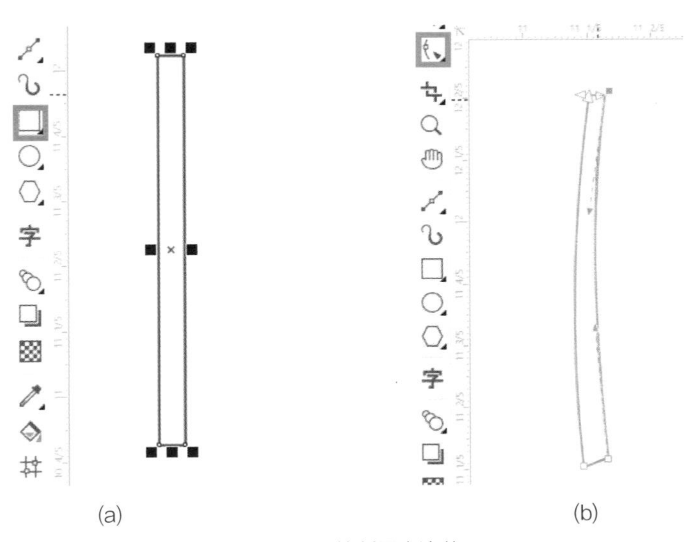

(a)　　(b)

图 5-52　绘制围巾流苏

（12）填充流苏。填充颜色分别为红、黄、黑、灰、深红。复制出多个流苏图形，根据视觉效果错落放置在围巾底部，并适当改变流苏方向，结束操作。左键框选全部流苏，右键单击点击对话框【顺序】–【置于此对象后】，左键单击第三块围巾，结束操作，如图 5–53 所示。

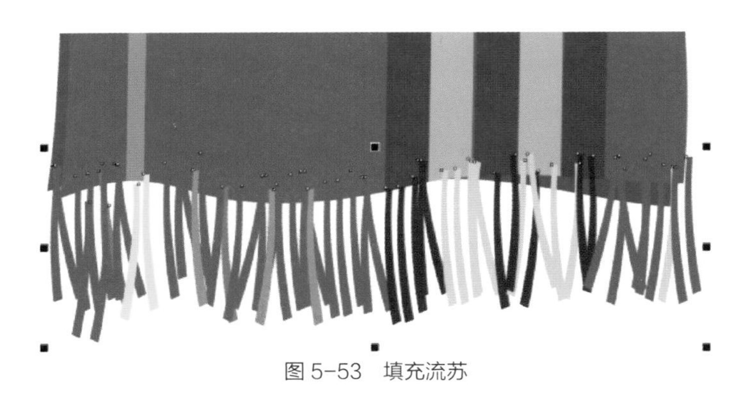

图 5–53　填充流苏

（13）绘制流苏的投影。

①使用工具箱【矩形工具】绘制矩形并填充为黑色，再点击【透明工具】–【渐变填充】，拖动手柄调节颜色，如图 5–54 所示。

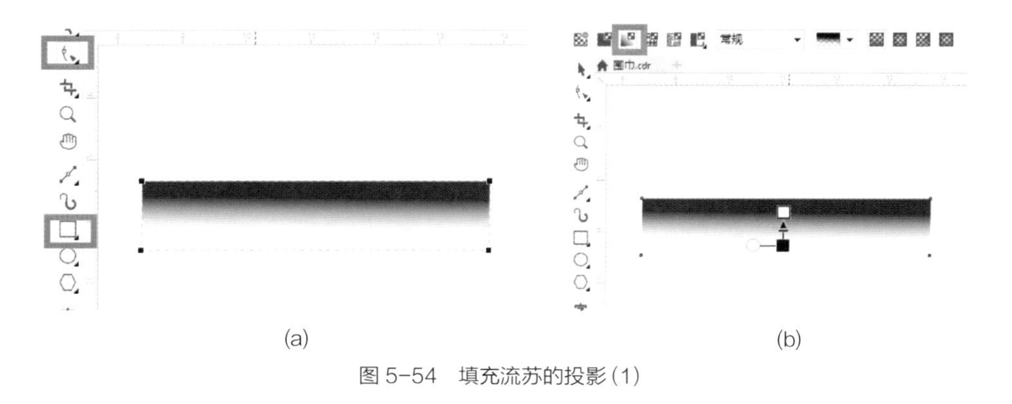

(a)　　(b)

图 5–54　填充流苏的投影（1）

②点击左键拖动黑色渐变投影，放置在流苏后面，结束操作，如图 5–55 所示。

图 5–55　填充流苏的投影（2）

（14）左键双击围巾，拖动旋转箭头旋转围巾，最终效果如图 5-56 所示。

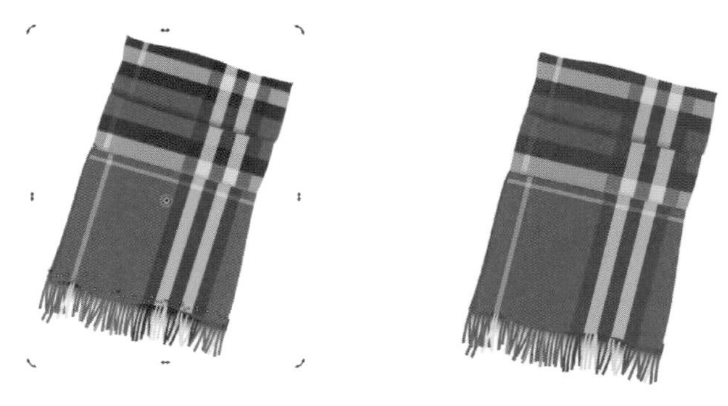

图 5-56　最终效果

第五节　腰带的设计

腰带的设计步骤如下。

（1）创建新文档。

（2）导入图片并勾勒腰带的基本型，如图 5-57 所示。

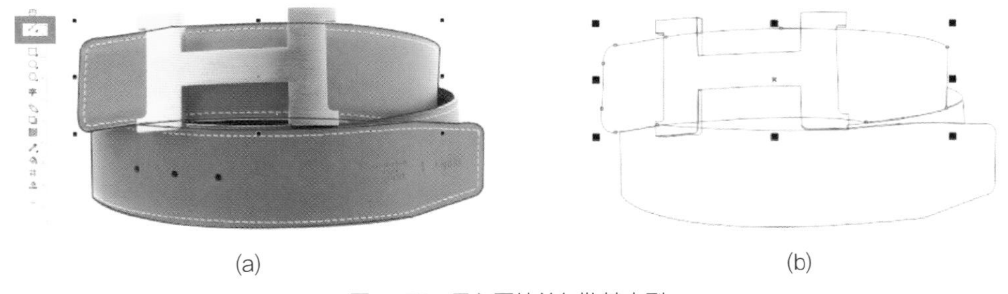

(a)　　(b)

图 5-57　导入图片并勾勒基本型

（3）填充腰带的颜色。利用【挑选工具】依次选择腰带各图形，左键单击调色盘的颜色，为图形上部设置颜色参数（R:153、G:117、B:81），如图 5-58 所示。再为图形下部设置颜色参数（R:111、G:86、B:55）。

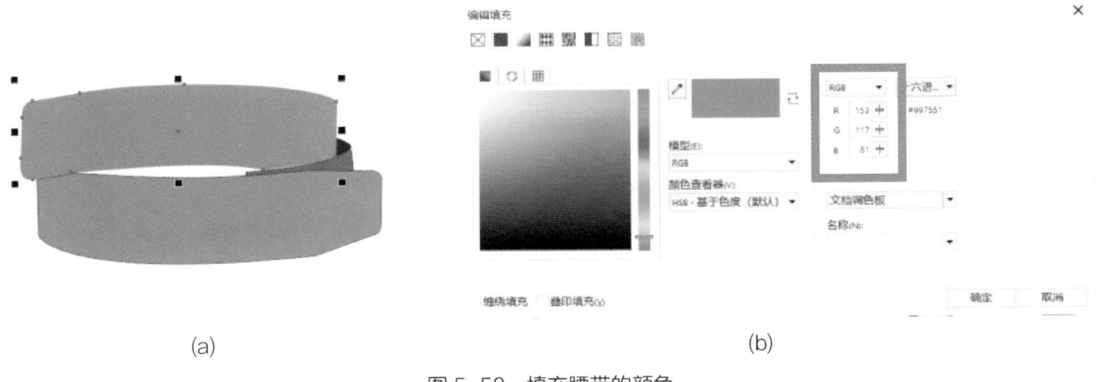

(a)　　(b)

图 5-58　填充腰带的颜色

（4）填充腰带扣。利用【挑选工具】选择腰带扣，再选择工具箱【填充工具】–

【渐变填充】，双击手柄增加 7 个节点，分别设置节点颜色参数为 R:254、G:237、B:181；R:231、G:208、B:154；R:176、G:153、B:103；R:138、G:120、B:78；R:168、G:146、B:97；R:201、G:175、B:130，再为腰带扣其他部位填充颜色（参数为 R:141、G:107、B:46；R:59、G:38、B:18），如图 5-59 所示。

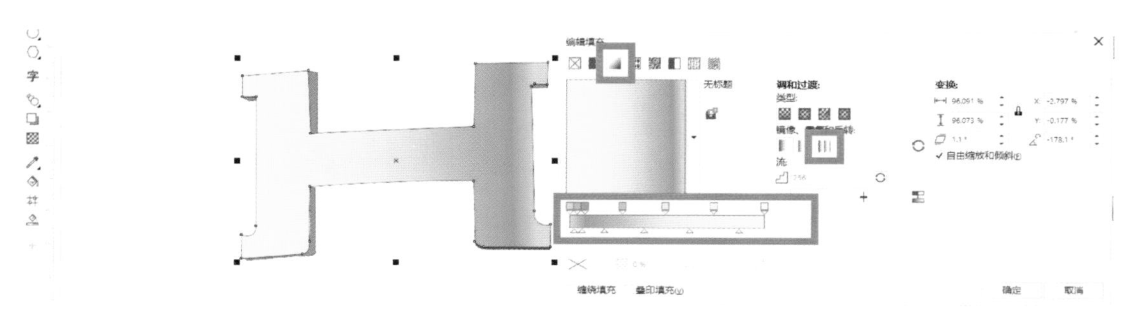

图 5-59　填充腰带扣

（5）绘制压线。利用【挑选工具】选择一个腰带图形，按【Shift】键和鼠标左键向里拖动，同时点击右键，复制出一个腰带图形，在属性栏设置【轮廓宽度】为 0.5mm，设置【线条样式】为虚线，右键单击调色盘中的白色，结束操作，如图 5-60 所示。腰带上其他压线的绘制方法与上述一致。

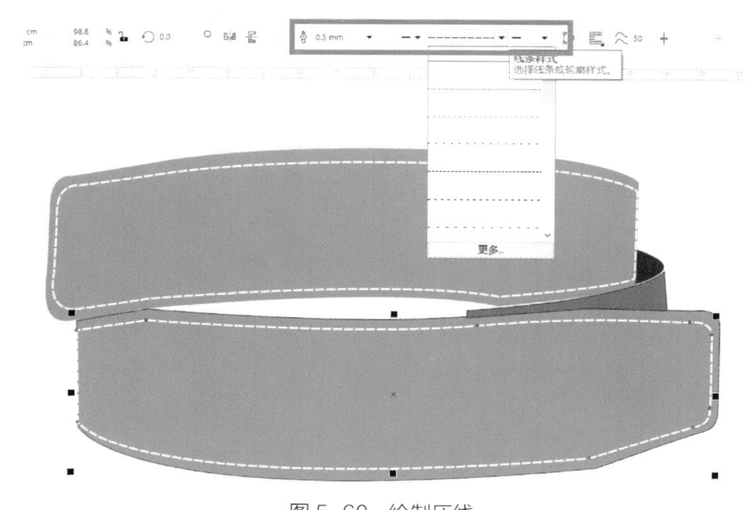

图 5-60　绘制压线

（6）增加腰带扣的阴影。利用【挑选工具】框选全部腰带扣，拖动至腰带的适当位置。在腰带扣的里侧和外侧使用【贝塞尔线】绘制腰带扣的投影形状，并分别填充颜色（参数为 R:135、G:88、B:0；R:59、G:38、B:18；R:128、G:97、B:68）。再使用工具箱【透明工具】-【渐变透明】，通过拖动手柄依次调节投影的颜色，结束操作。

（7）增加腰带上的光影图形。

①使用【贝塞尔线】绘制图形，并填充颜色（R:192、G:168、B:134）。再次使用【贝塞尔线】沿腰带右侧边缘绘制反光图形，填充白色。再使用【透明工具】-【渐变透明】，拖动手柄调节透明效果，结束操作。使用【贝塞尔线】绘制线条，右键单击，填

充轮廓颜色（R:89、G:63、B:14），结束操作，如图 5-61 所示。

②使用【贝塞尔线】绘制图形，填充颜色（R:120、G:89、B:59），如图 5-62 所示。

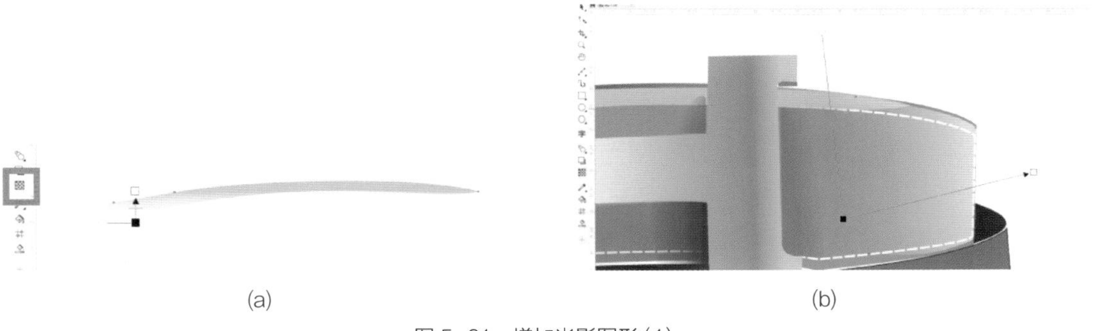

(a)　　　　(b)

图 5-61　增加光影图形（1）

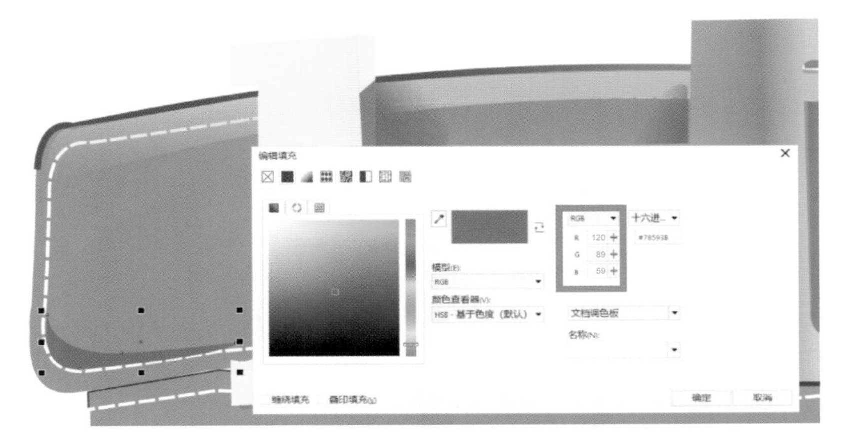

图 5-62　增加光影图形（2）

③使用【贝塞尔线】绘制图形，填充颜色（R:224、G:212、B:196），再选择【透明工具】-【渐变透明】，拖动手柄调节透明效果，结束操作，如图 5-63 所示。

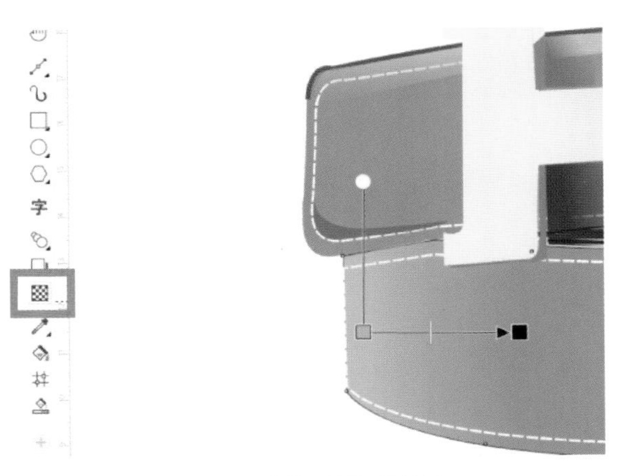

图 5-63　增加光影图形（3）

④使用【贝塞尔线】绘制图形，填充参数为 R:115、G:80、B:40 的颜色，再选择【透明工具】-【渐变透明】-【椭圆渐变透明】，拖动手柄调节透明效果，结束操作，如图 5-64 所示。

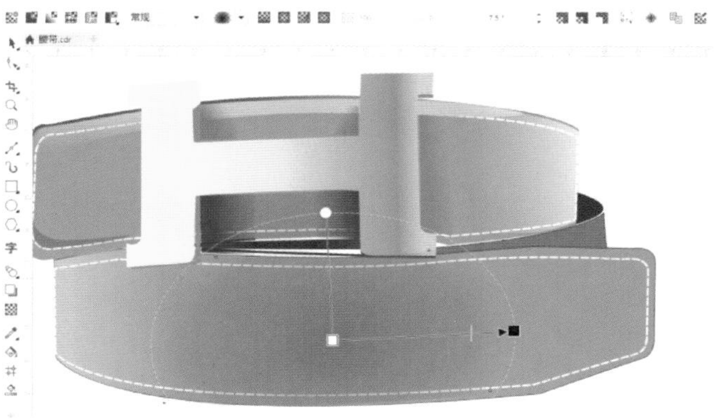

图 5-64　增加光影图形(4)

⑤使用【贝塞尔线】绘制图形，填充参数为 R:125、G:90、B:48 的颜色，再选择【透明工具】-【渐变透明】，拖动手柄调节透明效果，结束操作，如图 5-65 所示。

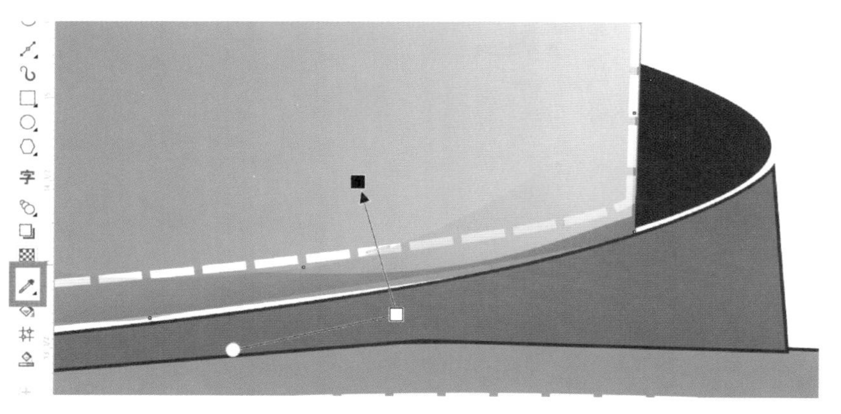

图 5-65　增加光影图形(5)

⑥使用【贝塞尔线】绘制图形，填充颜色为白色，再选择【透明工具】-【渐变透明】，拖动手柄调节透明效果，结束操作，如图 5-66 所示。

⑦使用【贝塞尔线】绘制腰带扣的投影图形，填充参数为 R:115、G:87、B:60 的颜色并设置【透明度】为 52，拖动手柄调节透明效果，结束操作，如图 5-67 所示。

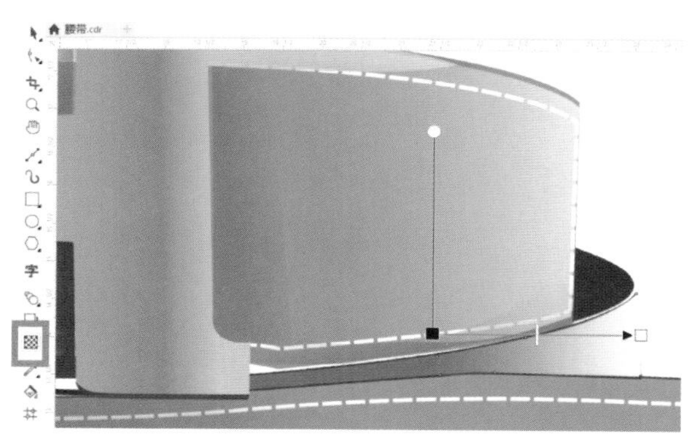

图 5-66　增加光影图形(6)

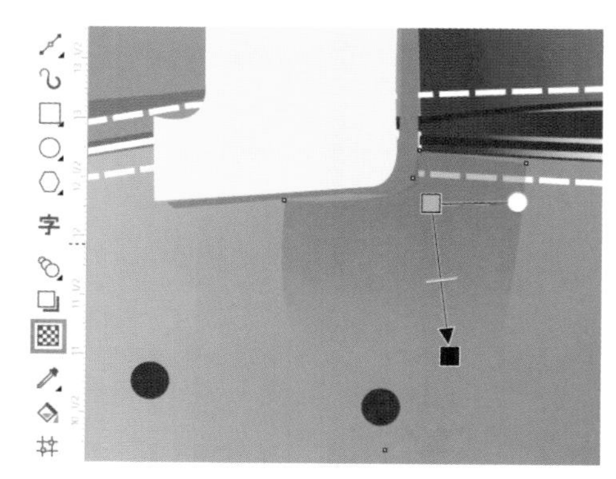

图 5-67　增加光影图形(7)

⑧使用【贝塞尔线】在腰带底部绘制出投影，填充参数为R:115、G:87、B:60的颜色，拖动手柄调节透明效果，结束操作，如图5–68所示。

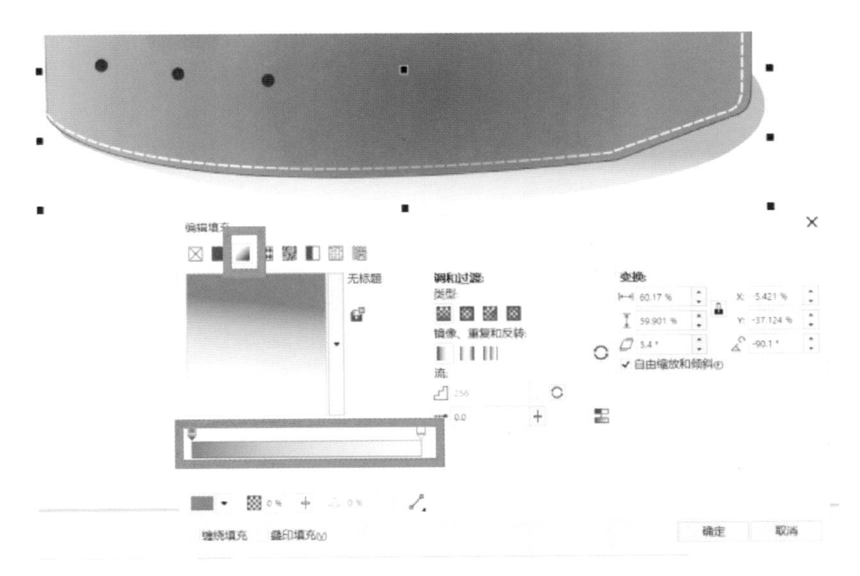

图5–68　增加光影图形(8)

（8）腰带的最终整体效果如图5–69所示。

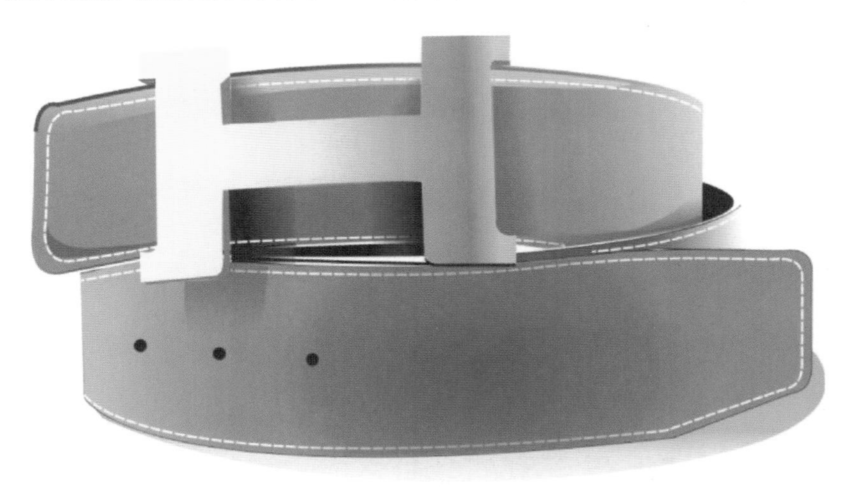

图5–69　腰带的最终整体效果

第六节　鞋子的设计

鞋子的设计步骤如下。

（1）创建新文档。

（2）导入图片并勾勒钱包的基本型，如图5–70所示。

（3）填充鞋面、后跟鞋套、鞋跟、鞋领。

①鞋面、后跟鞋套、鞋领填充颜色，参数分别为：R:58、G:42、B:26；R:132、

G:59、B:27；R:82、G:30、B:7。利用【挑选工具】点选鞋跟，选择【填充工具】-【渐变填充】，双击手柄增加 3 个节点，颜色参数为 R:71、G:58、B:42；R:120、G:98、B:74；R:129、G:107、B:86；R:133、G:112、B:85；R:225、G:213、B:197。消除轮廓线，结束操作，如图 5-71 所示。

(a)

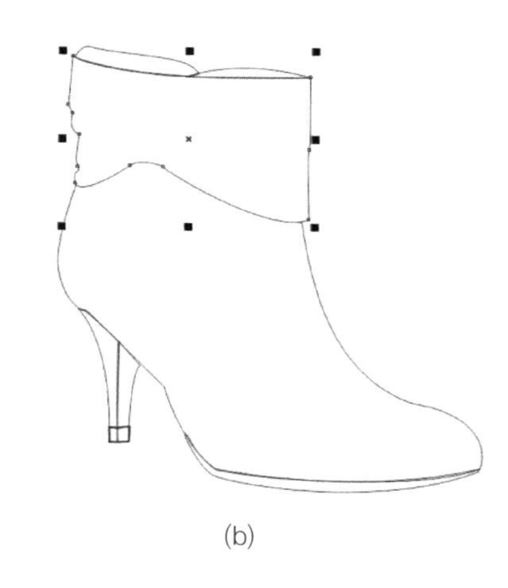

(b)

图 5-70　导入图片并勾勒基本型

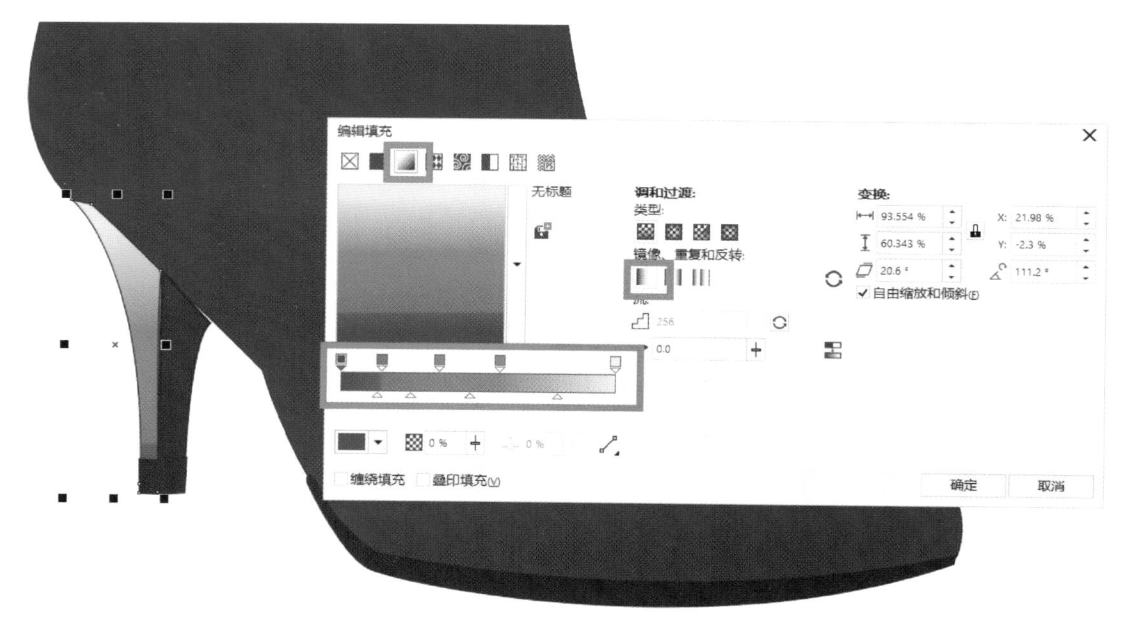

图 5-71　填充鞋各个部位（1）

②选择工具箱【贝塞尔线】，按照图片勾勒出鞋袢的形状，并填充参数为 R:132、G:59、B:27 的颜色，结束操作，如图 5-72 所示。

（4）填充铜扣。选择【填充工具】-【渐变填充】，双击手柄增加节点，铜扣四边的颜色参数依次为 R:250、G:235、B:125；R:188、G:141、B:51；R:252、G:224、B:111；R:188、G:141、B:51；R:252、G:244、B:189；R:228、G:206、B:118；R:190、G:144、B:55；R:238、G:215、B:133；R:250、G:227、B:150；R:166、G:145、B:27；R:250、G:235、B:125；R:213、G:179、B:81；R:250、G:235、

B:125，结束操作，如图 5–73 所示。

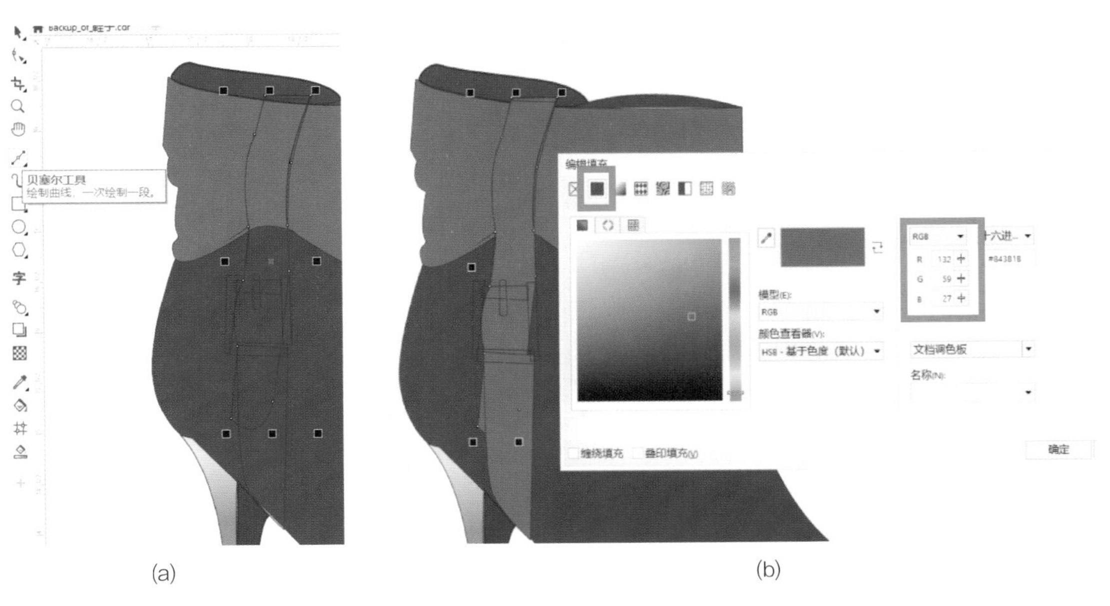

图 5–72　填充鞋各个部位（2）

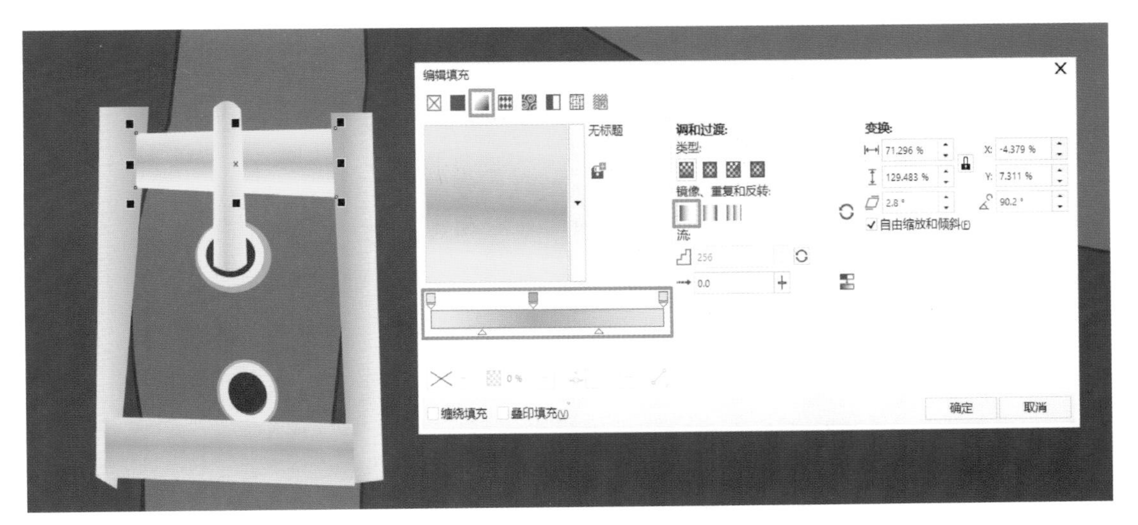

图 5–73　填充铜扣

（5）添加细节和光影图形。选择工具箱【贝塞尔线】勾勒出鞋面中缝处的压线，右键单击调色盘，设置颜色参数为 R:181、G:161、B:137，填充线条颜色。再次使用【贝塞尔线】分别绘制出图 5–74 所示的三处光影的形状，填充颜色为灰度 255，选择【透明度工具】–【渐变透明】，拖动手柄调节透明效果，结束操作。

（6）添加光影图形。

①在鞋面上使用【贝塞尔线】绘制图形，填充参数为 R:120、G:98、B:74 的颜色，选择【透明度工具】–【均匀透明】，设置【透明度】为 92，结束操作，如图 5–75 所示。

②在鞋面的底边处使用【贝塞尔线】绘制图形，填充参数为 R:181、G:161、B:137 的颜色，结束操作，如图 5–76 所示。

图 5-74　添加细节和光影

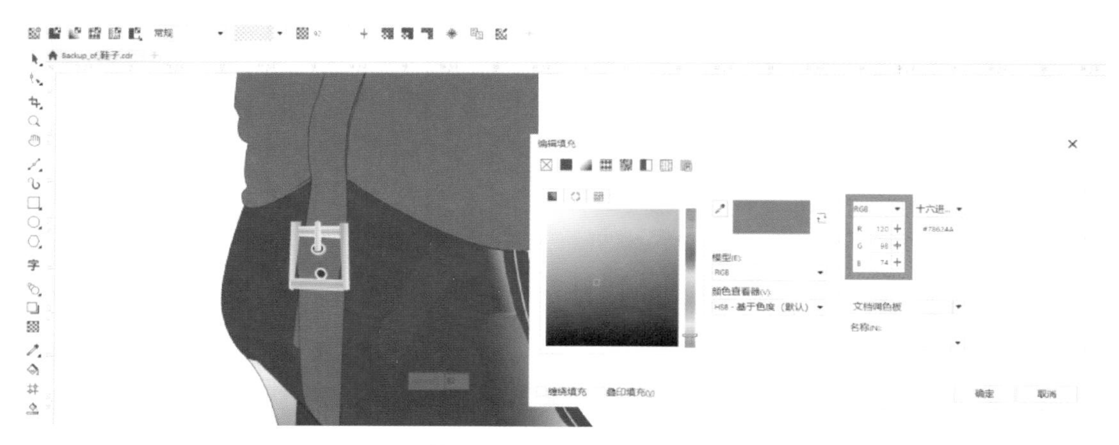

图 5-75　添加光影图形(1)

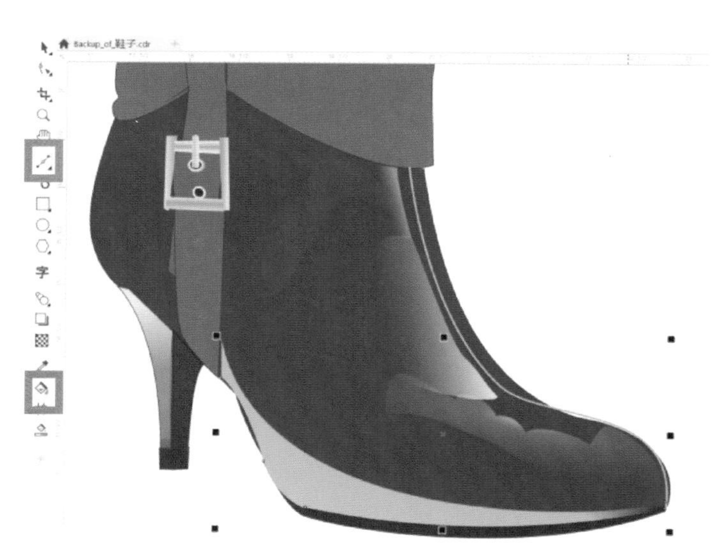

图 5-76　添加光影图形(2)

③在鞋面的底边处使用【贝塞尔线】绘制 3 个图形，填充参数为 R:81、G:59、

B:45 的颜色，在【透明度工具】中设置【透明度】为 50，结束操作。再次沿鞋袢侧面使用【贝塞尔线】绘制图形，填充参数为 R:41、G:25、B:14 的颜色，选择【透明度工具】–【渐变透明】，拖动手柄调节透明效果，结束操作，如图 5–77 所示。

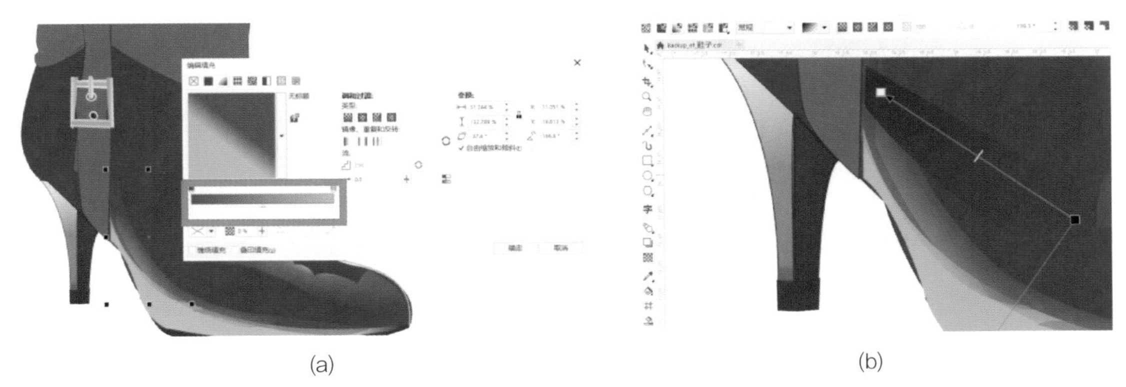

(a) (b)

图 5–77 添加光影图形（3）

④使用【贝塞尔线】沿着后鞋跟绘制光影形状，填充颜色为白色，设置【透明度】为 78，结束操作。再次使用【贝塞尔线】沿后鞋面绘制形状，选择【填充工具】–【渐变填充】，颜色参数为 R:122、G:89、B:54；R:58、G:42、B:26，拖动手柄调节透明效果，结束操作，如图 5–78 所示。

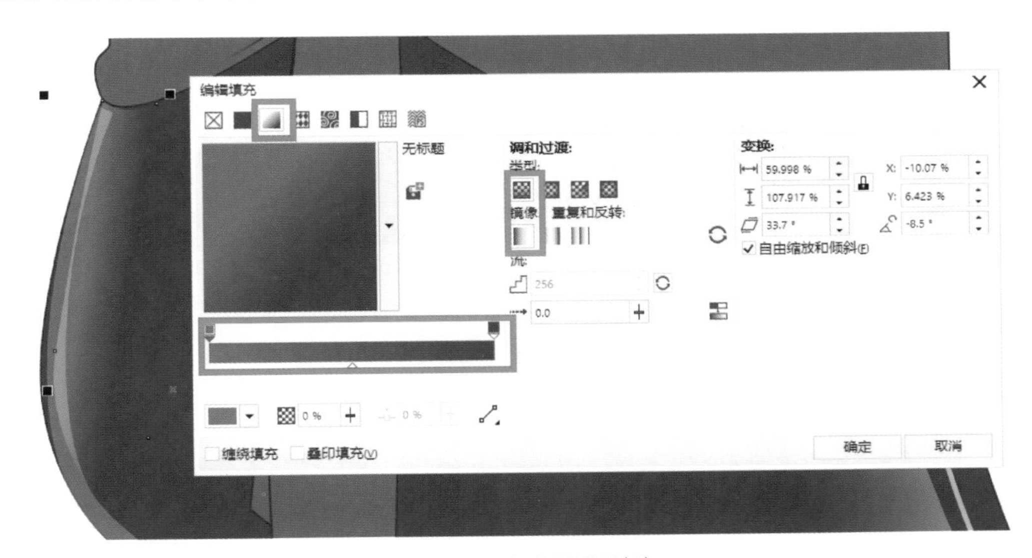

图 5–78 添加光影图形（4）

⑤使用【贝塞尔线】绘制出鞋领上的光影形状，再选择【填充工具】填充各光影形状，填充颜色（R:69、G:30、B:13；R:103、G:38、B:10；R:204、G:118、B:67；黑色）。点选颜色参数为 R:204、G:118、B:67 的光影图形，选择【透明度】–【渐变透明】，拖动手柄调节透明效果，结束操作，如图 5–79 所示。

⑥使用【贝塞尔线】在带扣的边缘绘制出它的阴影图形，填充为黑色，再选择【透明工具】–【渐变填充】，拖动手柄调节透明效果，调整至自然过渡状，如图 5–80 所示。

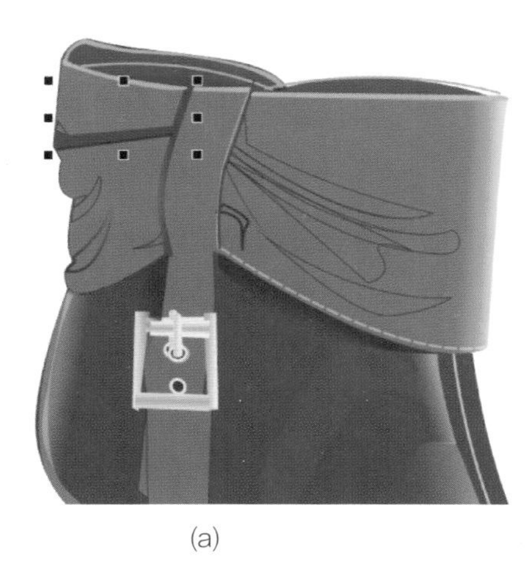

(a)

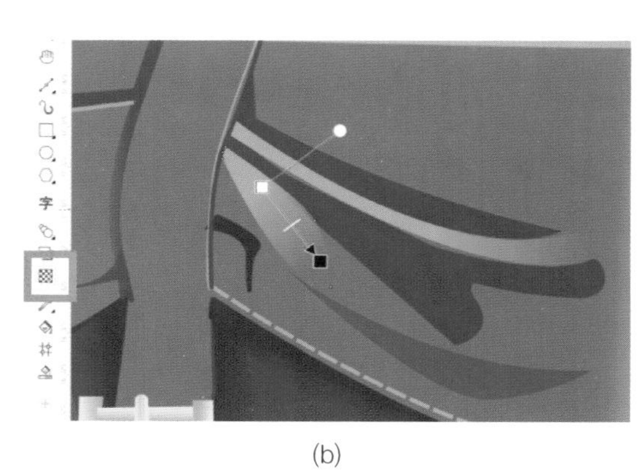

(b)

图 5-79　添加光影图形（5）

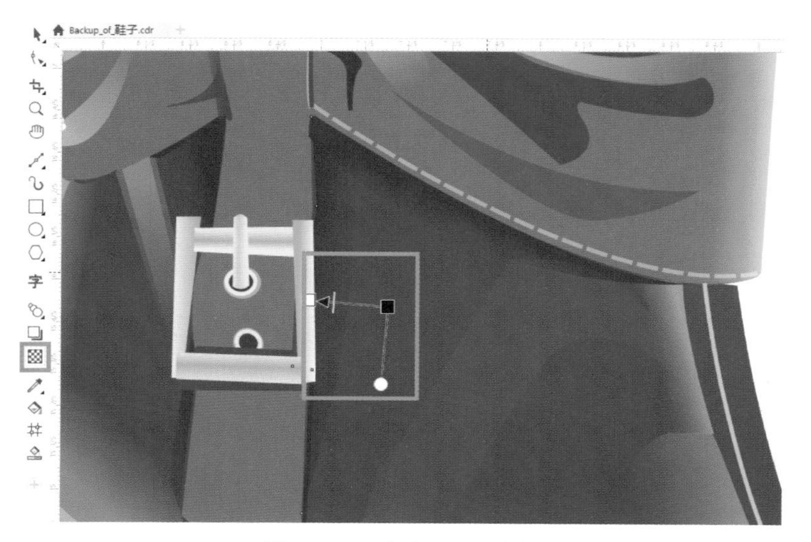

图 5-80　添加光影图形（6）

⑦进一步增加细节。结合使用【贝塞尔线】、【填充工具】、【透明度工具】等调整光影颜色至最佳效果，如图 5-81 所示。

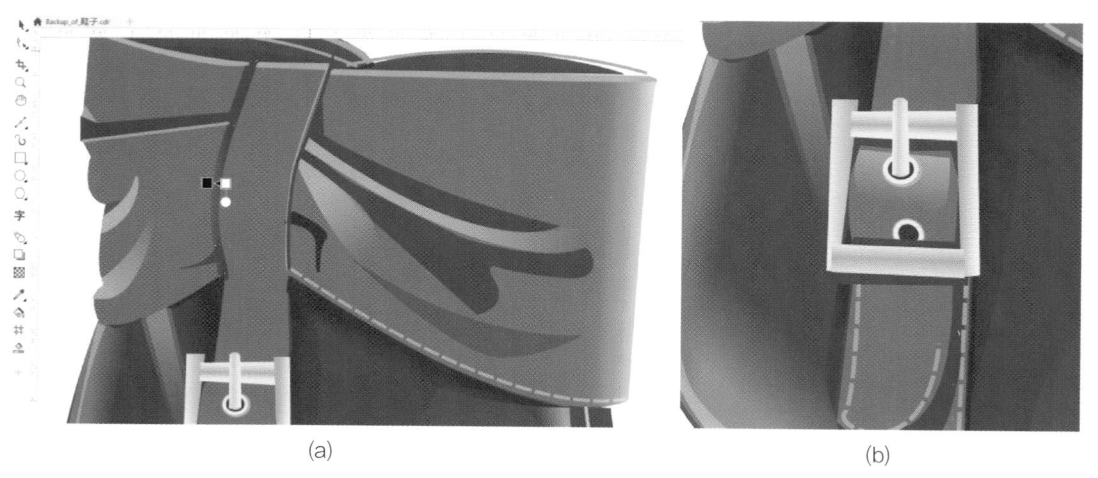

(a)　　(b)

图 5-81　添加光影图形（7）

(c)　　　　　　　　　　　　(d)

续图 5-81

（7）鞋子的最终整体效果如图 5-82 所示。

图 5-82　鞋子的最终效果

思考与练习

1. 服饰配件主要包括哪些种类?

2. 设计并绘制一款时尚帽子。

3. 设计并绘制一款时尚女士围巾。

4. 设计并绘制一件首饰。

参考文献

References

[1] 徐丽 . 名流——CorelDRAW 服装款式设计完全剖析 [M]. 北京：清华大学出版社，2017.

[2] 江汝南，戚雨节 .CorelDRAW 服装设计 [M]. 上海：东华大学出版社，2016.

[3] 蒋小汀，程思，刘闻名 . 中文版 CorelDRAW X7 服装设计 [M]. 北京：中国青年出版社，2016.

[4] 丁雯 .CorelDRAW X5 服装设计标准教程（全彩超值版）[M]. 北京：人民邮电出版社，2016.

[5] 李越琼 .CorelDRAW 服装款式设计案例精选 [M]. 3 版 . 北京：人民邮电出版社，2016.

[6] 梁家劲 .CorelDRAW 服装款式设计实例教程 [M]. 北京：人民邮电出版社，2016.

[7] 崔建成，李艳艳 .Photoshop/CorelDRAW 服装设计创意表现 [M]. 北京：北京大学出版社，2016.

[8] 马仲岭 .CorelDRAW 服装设计实用教程 [M]. 4 版 . 北京：人民邮电出版社，2015.

[9] 丁雯 .CorelDRAW X6 服装设计标准教程 [M]. 北京：人民邮电出版社，2015.

[10] 徐丽，吴丹 .CorelDRAW 服装设计完美表现技法 [M]. 北京：化学工业出版社，2013.

[11] 李红萍 . 中文版 CorelDRAW 服装设计课堂实录 [M]. 北京：清华大学出版社，2015.